"十四五"职业教育国家规划教材

U0597251

精品系列教材

景观植物设计

第3版
附微课视频

徐敏 主编

人民邮电出版社
北京

图书在版编目（CIP）数据

景观植物设计：附微课视频 / 徐敏主编. -- 3版
. -- 北京：人民邮电出版社，2024.1
高等院校艺术设计精品系列教材
ISBN 978-7-115-61823-8

Ⅰ. ①景… Ⅱ. ①徐… Ⅲ. ①园林植物－景观设计－
高等学校－教材 Ⅳ. ①TU986.2

中国国家版本馆CIP数据核字(2023)第092354号

内 容 提 要

　　本书以景观植物为主线，系统地介绍了常用景观植物的类型和景观植物设计的基本理论与实践方法。全书共6个学习模块，分别为景观植物设计的基础知识、景观植物、各类景观植物的种植设计、道路绿地植物设计、别墅庭院植物设计、居住区景观植物设计。本书精选实用的知识和方法、典型的工作项目，使学生能够树立正确的绿色发展理念，熟识常用景观植物及搭配，掌握景观植物设计图的制图技术规范，运用计算机辅助软件绘制出不同项目的景观植物设计图纸。

　　本书可以作为高等院校景观植物设计课程的教材，也可作为景观植物设计相关人员的参考资料。

◆ 主　　编　徐　敏
　　责任编辑　桑　珊
　　责任印制　王　郁　焦志炜
◆ 人民邮电出版社出版发行　　北京市丰台区成寿寺路 11 号
　　邮编　100164　　电子邮件　315@ptpress.com.cn
　　网址　https://www.ptpress.com.cn
　　临西县阅读时光印刷有限公司印刷
◆ 开本：787×1092　1/16
　　印张：13.75　　　　　　　　　　2024 年 1 月第 3 版
　　字数：322 千字　　　　　　　　 2025 年 6 月河北第 4 次印刷

定价：69.80 元

读者服务热线：(010)81055256　印装质量热线：(010)81055316
反盗版热线：(010)81055315

第3版前言

PREFACE

本书全面贯彻党的二十大精神，以社会主义核心价值观为引领，传承中华优秀传统文化，坚定文化自信，使内容更好地体现时代性、把握规律性、富于创造性。

景观植物设计是现代景观设计的主体之一，涵盖道路、庭院、居住区等区域的景观植物设计。本书以住房和城乡建设部发布的国家标准《园林绿化工程项目规范》为指导思想，对接国家绿化产业发展新需要，以建构主义理论为基础，以项目为依托，以项目过程为导向，以"实用为主、够用为度"为编写原则，培养学生树立正确的绿色发展理念，使学生熟识常用景观植物、苗木市场行情，为其职业发展、终身学习和服务社会奠定基础。

本书精选实用的知识和方法、典型的工作项目，紧密结合市场需求。在写作形式上，本书注重实践环节，项目设置由易到难，分层次教学，以典型项目为例，重点讲解设计方法、设计思路。本书的特点如下。

① 在内容编写上，贯穿"树德、明规、强技"的校企共培理念。本书在培养学生学习景观植物设计基本技能的基础上，还融入了中国优秀传统文化、绿色生态发展理念，引导学生树立正确的世界观、人生观和价值观，培养学生高尚的品德和健全的人格，使学生领会传播中国优秀传统文化的要义，成为一名符合新时代要求的技能型人才。同时本书按照企业规范要求，培养学生规范绘制景观植物设计图纸的能力。

② 采用模块式编写框架结构。每个学习模块具体包括学习导读、学习目标、思维导图、知识储备、技能实训、模块小结、综合实训、知识巩固、知识拓展、学习反思。其中技能实训部分主要采用任务式编写框架结构，包括任务书、任务分组、任务准备、成果展示、评价反馈5部分。

③ 提供丰富的开放式教学资源，增强学生自主学习和发展的能力。本书附有二维码，学生扫描二维码即可观看视频、浏览图片，轻松掌握常见植物种类、植物设计案例等。课前，学生借助二维码完成预习；课中，教师和学生通过扫描二维码完成课堂互动；课后，学生通过扫描二维码进一步巩固在课堂上所学的知识和技能。本书详细列出了课时安排

表，教师在使用本书时可以参考。另外，本书还配有教学 PPT、教学大纲、课程标准、教案、练习题答案等资源，教师可登录人邮教育社区（www.ryjiaoyu.com）免费下载使用。

④ 每个学习模块均配有思维导图。学生借助思维导图能够轻松快速掌握每个学习模块的知识、技能，并能系统地梳理知识。

本书借鉴了很多专家、学者的研究成果，在编写过程中也得到了同事和朋友们的大力支持，在此深表感谢。本书由江苏经贸职业技术学院艺术设计学院徐敏任主编，南京市园林和林业科学研究院王红总工主审了全书，书中的案例和实训由南京市金埔景观规划设计院景观设计师窦逗及江苏筑原建筑设计有限公司景观设计师丁媛媛提供并整理核校。

由于编者学识与经验有限，书中疏漏和不足之处在所难免，恳请各位专家、同行及广大读者批评指正。

编者

2023年8月

学时安排表

学习模块			学习内容及学习任务	建议学时	
一	知识储备	1	景观植物设计的相关概念	4	0.5
		2	景观植物的分类		1
		3	景观植物的作用		1
		4	景观植物设计的发展趋势		0.5
		5	景观植物的表示方法		0.5
		6	苗木的基础知识		0.5
	技能实训	1	调研校园植物	4	2
		2	调研苗木规格		2
二	知识储备	1	树木类	6	2
		2	花卉类		2
		3	草坪草类		1
		4	观赏草类		1
	技能实训	1	校园景观植物调研与辨识	6	3
		2	公园景观植物调研与辨识		3
三	知识储备	1	乔灌木的种植设计	4	2
		2	花卉的种植设计		1
		3	地被与草坪的种植设计		0.5
		4	藤本植物的种植设计		0.5
	技能实训	1	调研植物种植形式	4	2
		2	绘制植物种植形式平面图		2
四	知识储备	1	道路绿地的相关概念	4	1
		2	道路绿地设计		1
		3	道路绿地项目设计流程		1
		4	总结和拓展		1
	技能实训	1	调研道路绿地植物	4	2
		2	绘制道路绿地植物平面图		2

学习模块			学习内容及学习任务	建议学时	
五	知识储备	1	别墅庭院概述	5	1
		2	不同风格的别墅庭院植物设计		1
		3	别墅庭院项目设计流程		2
		4	总结和拓展		1
	技能实训	1	调研庭院植物	5	2
		2	绘制庭院植物平面图		3
六	知识储备	1	居住区绿地类型和绿化指标	5	1
		2	居住区景观植物的总体设计和分项设计		1
		3	居住区公共绿地项目设计流程		2
		4	总结和拓展		1
	技能实训	1	调研居住区绿地植物	5	3
		2	绘制居住区绿地植物平面图		2
总学时				56	

目录
CONTENTS

学习模块一　景观植物设计的基础知识

学习导读

　　地球上的植物大约有30万种，近1/10生长在我国，我国是植物的天堂。地形、水体、建筑、植物共同构成景观的四大要素，它们相辅相成，缺一不可。近年来，随着城市面积不断扩张，生态环境面临的压力越来越大。在2022健康宜居与低碳城市国际论坛暨第十二届园冶高峰论坛上，专家建议，利用植物的力量增强生态韧性，消除城市与自然的对立关系，实现绿色低碳目标。本学习模块主要讲解景观植物设计的基础知识，共8课时：知识储备和技能实训各4课时。知识储备部分主要讲解景观植物设计的相关概念、景观植物的分类和作用、景观植物设计的发展趋势、景观植物的表示方法以及苗木的基础知识。技能实训部分设置了两个学习任务：调研校园植物、调研苗木规格。学生应重点掌握景观植物设计的相关概念、植物设计师的岗位职责、根据生长类型对景观植物进行分类的方法、景观植物构筑空间、景观植物的设计表示方法、苗木规格（H、P、Φ、D）。

学习目标

※ 素质目标

1. 发扬艰苦奋斗的敬业精神。
2. 培养技德兼备的设计人才。
3. 树立正确的绿色发展理念。
4. 培养敬业奉献的职业道德。
5. 培养实事求是的职业素养。

※ 能力目标

1. 检索与阅读景观植物设计资料。
2. 识读与分析景观植物设计图纸。
3. 绘制景观植物平面图。
4. 描述苗木规格。

※ 知识目标

1. 陈述景观植物设计的相关概念。
2. 了解植物设计师的工作内容。
3. 记住景观植物的3种分类方法。
4. 总结景观植物的作用。
5. 区分各类型景观植物的平面表示方法。

思维导图

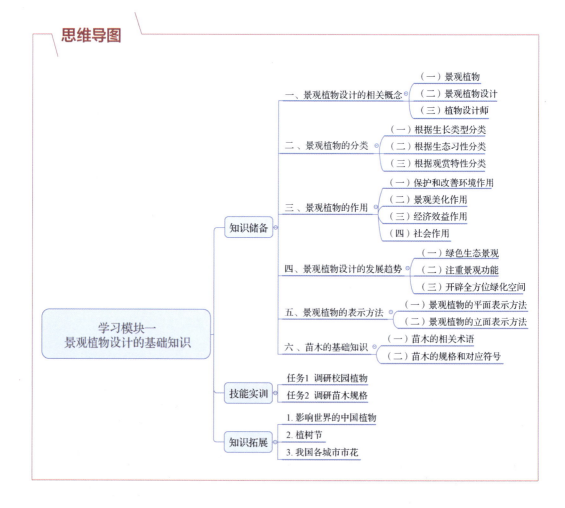

一、景观植物设计的相关概念

（一）景观植物

景观植物是经过人们选择，适合在城市绿地（公园绿地、单位附属绿地、防护绿地、生产绿地和其他绿地）栽种的植物。它不仅具有观赏作用，还具有卫生防护、改善生态等生态保护作用。景观植物包括木本植物和草本植物。

木本植物：银杏（中国国树）   草本植物：荷花（中国十大名花之一）

（二）景观植物设计

景观植物设计是根据场地自身条件特征及对场地功能的要求，通过美学手法，对植物（例如乔木、灌木、藤本及草本植物）的不同色彩、质感、形态及香味进行组合搭配，充分发挥植物的形态美、线条美、色彩美等自然美，创造具有空间变化、色彩变化、韵味变化的观赏性强的植物空间，使人所到之处都有一幅幅美丽动人的植物画面。

加拿大布查特花园植物景观   第十届中国花博会植物景观

（三）植物设计师

植物设计师，也称植物配置设计师、植物种植设计师，是指景观绿化行业中按植物生态习性和布局要求，合理配置各种植物，以发挥它们的功能和观赏特性的设计人员。那么，植物设计师平时是如何开展工作的呢？

植物设计师养成记

一般完整的景观项目分为6个阶段：接洽阶段、方案设计阶段、方案深化阶段、扩初设计阶段、施工图设计阶段、现场指导施工及后期服务阶段。具体到景观植物设计，从方案设计阶段到最后的服务阶段，植物设计师都参与其中。

在方案设计阶段，植物设计师主要开展以下4个方面的工作：①现场调研，基地分析；②制定植栽策略，包括定位、特色营造等；③选择植物；④植物分区，确定分区特色及主景，配上文字和意向图。

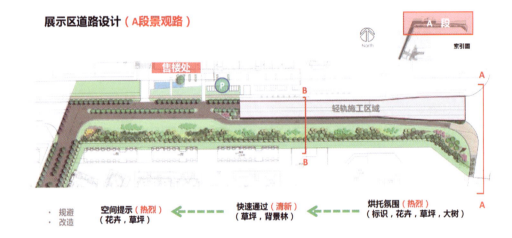

植栽策略图

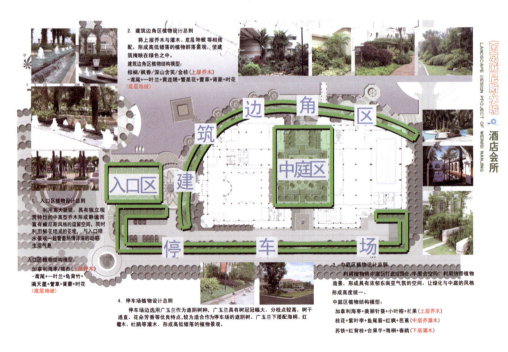

植物分区

在方案深化阶段，植物设计师需要将植物布局转移到平面图上并给出植物图片，主要开展以下5个方面的工作：①植物设计原则，②给出植物分区说明，③绘制植物分区图，④标注植物品种和规格，⑤附上植物图片。

在扩初设计阶段和施工图设计阶段，植物设计师需要使用CAD绘制植物种植设计平面图。

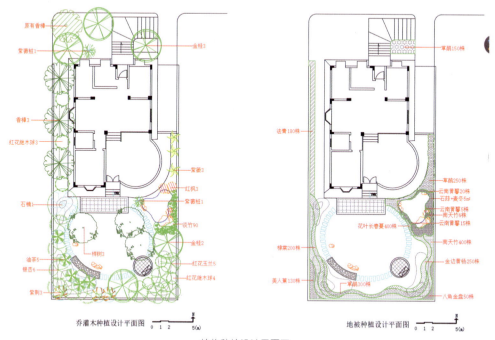

植物种植设计平面图

植物设计师在方案设计阶段为方案设计师提供植物设计方面的技术支持，在施工图设计阶段根据方案细化植物设计。不管在哪个阶段，植物设计师归根结底是要解决下面6个问题：选什么品种的植物？选多大的植物？植物如何搭配并布置到地面上？植物提供什么功能？构成什么样的植物景观？选多少植物？

景观项目中的植物品种一般分为主要品种和次要品种两大类。我们首先需要确定景观项目中植物的主要品种有哪些，次要品种有哪些。主要品种是种类少，但是数量多的植物品种。次要品种是种类多，但是数量少的植物品种。接下来确定一个景观项目大概需要多少品种。以一般的小区为例，15～20个乔木品种、15～20个灌木品种、15～20个宿根或禾草花卉品种就可以满足生态方面的需求了。确定植物品种后，我们需要确定植物的规格，通俗地讲就是植物的大小。以乔木为例，考虑到国内的习惯，乔木树干直径以10～12cm为宜。规格确定后，再考虑植物的搭配，如四季搭配、常绿与落叶的搭配、高低的搭配、乔灌草的搭配，同时将搭配体现在植物种植设计平面图中。在进行植物搭配时，要考虑景观项目的功能需求，比如人行道处需要种植行道树进行遮阴，需要外部遮挡的建筑可以用密植的树林进行遮挡，庭院绿化中靠近车行道的一侧可以利用植物来隔离噪声，靠近北边的区域利用植物来挡风。然后结合景观项目的整体设计，利用植物创造多种空间。如在要求保持相对安静的空间中，可以利用植物创造封闭空间或者半封闭空间；而在人流量比较大的空间中，可以利用低矮的草坪创造开敞空间，形成开阔的视野。最后还需要统计植物的数量。

要想成为一名优秀的植物设计师，需要具备哪些能力呢？首先要熟练使用以CAD为主的各种绘图软件，能够高效率地完成项目要求的各类植物设计图纸的绘制，其次要掌握植物的品种、生态习性、流行趋势、观赏特性、规格、价格，最后要掌握各种风格的植物配景，多看优秀的植物实景和设计案例，提升审美能力和设计能力。

二、景观植物的分类

对植物进行分类，主要是为了便于对植物进行识别和应用。分类的方法很多，除了按植物进化系统对植物进行分类，还有其他分类标准，如植物的生长类型、生态习性、观赏特性等。

（一）根据生长类型分类

根据生长类型，植物可分为木本植物和草本植物。其中木本植物主要包括乔木、灌木、藤本、竹类、匍地类；草本植物主要包括一、二年生花卉、多年生花卉（宿根花卉和球根花卉）、草坪。地被植物大部分属于草本植物，少部分属于木本植物。

1. 木本植物（woody plant）

木本植物是指多年生的、茎部木质化的植物，是景观植物设计的骨干品种。

（1）乔木（arbor）

一般来说，乔木体形高大、主干明显、分枝点高、寿命比较长，如二球悬铃木、榉树、银杏、香樟、桂花等。《世界园林植物与花卉百科全书》按高度将乔木分为大、中、小3个等级。其中，大乔木高于15m，中乔木高度为10～15m，小乔木高度低于10m。此外，按冬季是否落叶，乔木可分为常绿乔木和落叶乔木两类，叶形宽大者称为阔叶常绿乔木和阔叶落叶乔木，叶片纤细如针或呈鳞形者称为针叶常绿乔木和针叶落叶乔木。

（2）灌木（shrub）

灌木是指没有明显的主干，呈丛生状态，较为矮小的木本植物，如海桐、连翘、金叶女贞、杜鹃等。按冬季是否落叶，灌木可分为落叶灌木、常绿灌木两类；按高度可分为大灌木（2m以上）、中灌木（1～2m）和小灌木（1m以下）。

落叶乔木：二球悬铃木

常绿灌木：海桐

（3）藤本（vine）

藤本是指茎部细长，不能直立，只能缠绕在其他物体上或攀缘向上生长的植物，如常春藤、紫藤、爬山虎、葡萄等。按冬季是否落叶可分为常绿藤本、落叶藤本两类。

（4）竹类（bamboo）

竹类是植物中的特殊分支，它在景观绿化中的地位及在造园中的作用非树木所能比拟。根据地下茎的生长特性，竹类有丛生竹、散生竹、混生竹之分。常见的竹类有佛肚竹、凤尾竹、孝顺竹、茶杆竹、紫竹、刚竹等。

落叶藤本：葡萄

竹类：孝顺竹

（5）匍地类（creeping plant）

匍地类是性状似藤本，但不能攀缘的植物。匍地类干枝伏地而生，或者先卧地后斜升，如铺地柏、迎春等。

2. 草本植物（herb plant）

（1）一、二年生花卉（annual and biennial flower）

一年内完成一个生命周期的花卉称一年生花卉，一般在春天播种，夏秋开花、结实，后

匍地类：铺地柏

枯死，如鸡冠花、凤仙花等。二年内完成一个生命周期的花卉称二年生花卉，一般在秋天播种，幼苗越冬，翌年春夏开花、结实，后枯死，如羽衣甘蓝、三色堇等。

一年生花卉：鸡冠花

二年生花卉：雏菊

（2）多年生花卉（perennial flowers）

多年生花卉的寿命超过两年，其地下部分经过休眠，能重新生长、开花和结果。根据地下形态的不同，多年生花卉分为宿根花卉和球根花卉。

① 宿根花卉（perennial flower）。宿根花卉的植株在冬季地上部分枯死，地下部分可以宿存于土壤中越冬。翌年春天，地下部分又可萌发生长、开花结籽。宿根花卉包括菊花、芍药、荷包牡丹、萱草、鸢尾、花叶玉簪等。

宿根花卉：鸢尾　　　　　　　　　　　　宿根花卉：花叶玉簪

② 球根花卉（bulb flower）。球根花卉是根部呈球状，或者具有膨大的地下茎的多年生花卉。根据根部形态的不同，球根花卉又可分为球茎类、鳞茎类、块茎类、根茎类、块根类。

球根花卉：郁金香

（3）草坪与地被植物

从广义上讲，草坪也属于地被植物的范畴，但我们习惯于把草坪单独列为一类。

① 草坪（lawn）。草坪是指由人工建植或人工养护管理，起美化作用的草地。根据对温度的要求不同，草坪又可分为以下两种类型。

a．冷季型草坪（冬绿型草坪）。冷季型草坪的主要特征是耐寒冷，喜湿润冷凉气候，抗热性差；春秋季生长迅速，夏季生长缓慢，呈半休眠状态，如高羊茅、剪股颖、早熟禾、黑麦草等。

b．暖季型草坪（夏绿型草坪）。暖季型草坪的主要特征是喜温暖湿润气候，耐寒能力差；早春开始返青，入夏后生长迅速，进入晚秋，一经霜打，茎叶枯萎退绿，如结缕草、马尼拉、野牛草等。

② 地被植物（cover plant）。地被植物是指覆盖地面的多年生草本和低矮丛生、枝叶密集或蔓性的灌木及藤本。"低矮"是一个模糊的概念，因此，有学者将地被植物的高度标准定为1m，并认为有些植物在自然生长条件下，植株高度本来会超过1m，但是通过修剪或因其具有生长缓慢的特点，其植株高度被控制在1m以下，这类植物也应被视为地被植物。地被植物按生态类型可分为以下3类。

a．木本地被植物。木本地被植物包括矮生灌木类、攀缘藤本类以及矮竹类。矮生灌木类枝叶茂密，丛生性强，观赏效果好，如铺地柏、映山红、八仙花、棣棠等。攀缘藤本类具有攀缘习性，主要用于垂直绿化，覆盖墙面、假山、岩石等，如爬山虎、扶芳藤、凌霄、蔷薇等。矮竹类中有些品种茎秆低矮、耐阴，是极好的地被植物，如菲白竹、箬竹、鹅毛竹等。

b．草本地被植物。草本地被植物的实际应用最为广泛。一、二年生草本地被植物繁殖容易，自播能力强，如金盏菊、紫茉莉、雏菊等。多年生草本地被植物有鸢尾、麦冬、吉祥草、玉簪、萱草、葱兰等。

木本地被植物：八仙花

草本地被植物：麦冬

c．蕨类地被植物。蕨类地被植物常附地生长，如贯众、铁线莲、凤尾蕨等，是景观植物设计的好材料。

常见地被植物

（二）根据生态习性分类

植物生长环境中的温度、水分、光照、土壤等因子会对植物的生长发育产生重要的影响。某种植物长期生长在某种环境里，受到环境条件的特定影响，就形成了对某些生态因子的特定反应，这就是其生态习性。植物的生态习性体现了植物和自然的和谐共生。

一草一木皆风景，一花一树皆有情
——植物的生长习性分类

1. 温度因子

根据对温度的要求与适应范围，植物可分为以下4类。

① 热带植物：椰子、棕榈、散尾葵、南洋杉、鸡蛋花等。

② 亚热带植物：马尾松、樟树、油茶等。

③ 温带植物：刺柏、丁香、龙柏、枣等。

④ 寒带植物：冷杉、白桦等。

2. 水分因子

根据对水分的适应性，植物可分为以下4类。

① 旱生植物。旱生植物能够长期生长在雨水稀少的干旱地带，具有极强的耐旱能力。这类植物可用于营造旱生植物景观，如沙漠植物园、高山植物园、岩石园等。常见的旱生植物有仙人掌科植物、景天科植物、铺地柏、欧石楠、柽柳、沙拐枣、夹竹桃、卷柏等。

② 中生植物。中生植物不能忍受过分干旱和过分潮湿的环境。大多数植物都属于中生植物，但中生植物又有耐旱和耐湿植物之分。耐旱性强的植物有油松、侧柏、白皮松、黑松、合欢，耐湿性强的植物有枫杨、苦楝、凌霄。有的植物既耐旱又耐湿，如垂柳、旱柳、桑树、榔榆、紫穗槐、乌桕等。

③ 湿生植物。湿生植物需要生长在潮湿的环境中，如水池或小溪边。常见的湿生植物有落羽杉、池杉、千屈菜、水稻等。

④ 水生植物。水生植物需要生长在水中，可分为挺水植物（植物体大部分露在水面上，如荷花、香蒲等）、浮水植物（叶片漂浮在水面上，如睡莲、王莲等）、沉水植物（植物体完全沉没在水中，如金鱼藻等）3类。

3. 光照因子

根据对光照的适应性，植物可分为以下3类。

① 阳性植物。阳性植物要求较强的光照，不耐阴，一般需光度为全日照的70%以上。在自然植物群落中，阳性植物常为上层乔木。

② 阴性植物。阴性植物在光照较弱的条件下的生长态势比在强光条件下好。一般需光度为全日照的5% ～20%，阴性植物不能忍受过强的光照，尤其是一些树种的幼苗，需在一定的荫蔽条件下才能生长良好。在自然植物群落中，阴性植物处于中下层或潮湿背阴处。

③ 耐阴植物。耐阴植物在全日照条件下生长得最好，但也能忍受适度荫蔽的条件或在生长期间有一段时间需要适度遮阴。

另外，植物的需光类型可以根据植物形态加以推断：树冠呈伞形的多为阳性植物，树冠呈圆锥形并且枝条紧密的多为耐阴植物；树干下部侧枝较早脱落的多为阳性植物，不易脱落的多为耐阴植物；常绿植物中叶片呈针状的多为阳性植物，叶片扁平或者呈鳞片状且表面和背面区别明显的多为耐阴植物；常绿阔叶植物多为耐阴植物，落叶植物多为阳性植物。

4. 土壤因子

（1）根据酸碱度分类

根据对土壤酸碱度的要求，植物可分为3类：①喜酸植物（pH＜6.5），②喜碱植物（pH＞7.5），③中性植物（pH为 6.5～7.5）。

（2）根据盐碱度分类

根据对土壤盐碱度的要求，植物可分为4类：①喜盐植物，②抗盐植物，③耐盐植物，④碱土植物。

（三）根据观赏特性分类

根据观赏特性，植物可分为以下6类。

1. 形木类

形木类植物的观赏特性主要为植物的外形。自然生长状态下，常见的植物外形有圆柱形、卵圆形、钟形、垂枝形、扁球形、尖塔形、倒卵形、倒钟形、伞形、圆锥形、球形、馒头形、广卵形、棕榈形等。常见的植物外形如下图所示，不同外形的代表植物和特征如表1.1所示。

常见的植物外形

表1.1 不同外形的代表植物和特征

序号	外形	代表植物	特征
1	圆柱形	钻天杨、加拿大杨、杜松、塔柏、西府海棠	高耸、庄严
2	卵圆形	毛白杨、悬铃木、桂花、冬青、山茶、广玉兰	柔软
3	钟形	溲疏、山麻杆、蜡梅	柔软
4	垂枝形	垂柳、笑靥花、垂枝梅	柔软
5	扁球形	板栗、榆叶梅、朴树	水平延展
6	尖塔形	油杉、冷杉、雪松、南洋杉、水杉、池杉、湿地松、北美香柏	庄重、肃穆
7	倒卵形	银杏、罗汉松、白玉兰、七叶树、无患子、枫香	柔软
8	倒钟形	国槐、刺槐	淡雅
9	伞形	合欢、黑松、白皮松、榉树、楝树、重阳木、臭椿、香椿	水平延展
10	圆锥形	圆柏、落羽杉、金钱松、柳杉、柏木、马尾松、华山松、日本五针松、日本冷杉、深山含笑、鹅掌楸	庄重、肃穆
11	球形	矮紫杉、石楠、枇杷、杜英、杨梅、黄栌、白榆、杜仲、栾树、乌桕	柔软
12	馒头形	馒头柳、柿树、金缕梅	柔软
13	广卵形	侧柏、香樟、碧桃、樟子松	柔软
14	棕榈形	棕榈、椰子、散尾葵	热烈

2. 叶木类

叶木类植物的观赏特性主要为植物的叶形、叶色。植物的叶形分类及代表植物如表1.2所示，植物的叶色分类及代表植物如表1.3所示。

彩叶姑娘

表1.2　植物的叶形分类及代表植物

叶形		代表植物
单叶	针形	油松、雪松、柳杉
	条形	冷杉、罗汉松
	披针形	柳树、夹竹桃
	卵形	女贞、香樟
	掌状	枫香、悬铃木、鸡爪槭、八角金盘
	圆形	黄栌、紫荆、泡桐
	三角形	乌桕、钻天杨
	奇异形	鹅掌楸、羊蹄甲、银杏
复叶	羽状复叶	刺槐、合欢、南天竹、楝树、龙爪槐、香椿
	掌状复叶	七叶树

表1.3　植物的叶色分类及代表植物

叶色		代表植物
绿色叶	深绿	油松、圆柏、雪松、云杉、侧柏、山茶、女贞、桂花、槐树、毛白杨、构树
	浅绿	水杉、落羽杉、金钱松、七叶树、鹅掌楸、玉兰
春色叶	红	红叶石楠、杜英、臭椿、五角枫
	紫红	山麻杆、黄连木
秋色叶	红	鸡爪槭、五角枫、枫香、地锦、五叶地锦、小檗、柿树、黄栌、南天竹、乌桕
	黄	银杏、白蜡、鹅掌楸、加拿大杨、栓皮栎、悬铃木、水杉、金钱松
常色叶	红	红枫
	紫	紫叶李、紫叶小檗、紫叶酢浆草、紫叶桃
	金黄	金叶鸡爪槭、金叶雪松、金叶圆柏
	斑点条纹	桃叶珊瑚、金边黄杨、变叶木
双色叶		银白杨、胡颓子、栓皮栎

3. 花木类

花木类植物的观赏特征主要为植物的花形、花色、花香，如月季、日本樱花、垂丝海棠、杜鹃。植物的花期、花色分类及代表植物如表1.4所示。

表1.4　植物的花期、花色分类及代表植物

花期	花色	代表植物
春季	白	白玉兰、广玉兰、深山含笑、白鹃梅、珍珠绣线菊、梨、白丁香、珍珠梅、流苏树、石楠、火棘、荚迷、鸡麻、日本樱花、樱桃、紫叶李、厚朴、梅花、柑橘、杏、李、笑靥花
	红	榆叶梅、紫叶桃、海棠、垂丝海棠、西府海棠、日本晚樱、杜鹃、山茶、芍药、锦带花、瑞香、铁梗海棠、红花檵木、月季
	黄	黄玉兰、棣棠、迎春、金钟、连翘、结香、蒲公英、洋水仙
	紫	紫玉兰、紫荆、紫丁香、映山红、紫藤、紫花泡桐、楝树、睡莲
	蓝	风信子、鸢尾、矢车菊、婆婆纳
夏季	白	山楂、茉莉、七叶树、木绣球、天目琼花、太平花、木槿、刺槐、凤尾兰、南天竹、白花夹竹桃
	红	合欢、紫薇、石榴、月季、凤仙花、荷花
	黄	鹅掌楸、栾树、金丝桃、金雀儿、决明、黄槐、鸡蛋花、卫矛、锦鸡儿、万寿菊
	紫	木槿、紫薇、藿香蓟、牵牛花
	蓝	三色堇、飞燕草、八仙花、耧斗菜、马蔺
秋季	白	糯米条、胡颓子、八角金盘、白花石蒜、葱兰、凤尾兰
	红	紫薇、木芙蓉、大丽花、扶桑、羊蹄甲、月季、红花石蒜、油茶
	黄	桂花、栾树、金合欢、黄花夹竹桃、菊花
	紫	木槿、紫薇、九重葛
	蓝	风铃草、藿香蓟
冬季	白	白梅、枇杷、茶梅、鹅掌柴、水仙
	红	红梅
	黄	蜡梅、炮仗花

4. 果木类

果木类植物的观赏特性主要为果实的大小、形状、颜色，常见的果木类植物有南天竹、枇杷、柿树等。植物的果色分类及代表植物如表1.5所示。

表1.5　植物的果色分类及代表植物

果色	代表植物
红	桃叶珊瑚、小檗、山楂、冬青、枸杞、火棘、樱桃、枸骨、金银木、南天竹、珊瑚树、罗汉松、石榴、柿树
黄	枇杷、梅、李、柑橘、南蛇藤、梨、木瓜、铁梗海棠、柚
蓝紫	紫珠、葡萄、十大功劳、桂花
黑	女贞、常春藤、金银花
白	乌桕

5. 干枝类

干枝类植物的观赏特性主要为植物干枝的颜色，常见的干枝类植物有白桦、白皮松、红瑞木等。植物的干枝颜色分类及代表植物如表1.6所示。

表1.6　植物的干枝颜色分类及代表植物

干枝颜色	代表植物
暗紫	紫竹
黄	金竹、黄桦
红	山麻杆
红褐	马尾松、杉木
绿	青桐
灰白	白皮松、白桦、毛白杨、悬铃木
斑驳	黄金间碧玉竹、碧玉间黄金竹、木瓜
灰褐	大部分树种

6. 根木类

根木类植物的观赏特性主要为植物的板根、气生根，常见的根木类植物有榕树等。

三、景观植物的作用

景观植物的作用

（一）保护和改善环境作用

1. 净化空气

植物在光照条件下可以吸收二氧化碳，释放氧气，从而维持空气中二氧化碳和氧气含量的平衡。有的植物还可以吸收对人体有害的物质（如二氧化硫、酸雾、氯气、氟化氢、苯酚等）。夹竹桃、广玉兰、龙柏、罗汉松、银杏等植物吸收二氧化碳的能力较强。有些绿色植物（如朴树、重阳木、臭椿、悬铃木、女贞、泡桐、白榆等）的叶片表面对空气中的小灰尘有很强的黏附作用，沾满灰尘的植物经过雨水冲刷可恢复黏附灰尘的能力。还有些绿色植物（如樟树、松树、白榆、侧柏等）甚至能分泌挥发性的植物杀菌素，杀死空气中的细菌。

2. 改善环境

树木有浓密的树冠，可有效降低气温。有树荫的地方的气温比没有树荫的地方的气温一般要低3℃～5℃。树木通过其枝叶的微振作用能减弱噪声，南京环境保护局办公室的一次测量结果显示，噪声通过由两行圆柏及一行雪松构成的18m宽的林带后减弱了16dB。植物能够吸收污水中的硫化物、氨、漂浮物等，可以降低污水中的细菌含量，起到净化污水的作用。另外，有的植物体内含有酶，有机污染物进入植物体内后，其结构可被酶改变，从而使得毒性减轻。另外，植物对水土保持、防灾减灾也有显著的促进作用。

（二）景观美化作用

1. 构筑空间

景观植物和建筑、山石、水体一样，具有构筑空间、分隔空间、引起空间变化等作用。一般来说，由景观植物构筑的空间可以分为以下几类。

（1）开敞空间

开敞空间是指在一定区域范围内，人的视线高于四周景观的空间。开敞空间是外向型的，私密性较差，如大面积的草坪、低矮的模纹花坛。以色列本·古里安大学入口广场是为学生提供聚会场地的场所，所以在设计上要强调空间的开放性，注重空间之间的交流。

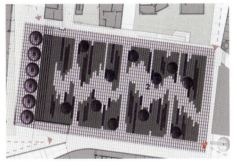

以色列本·古里安大学入口广场平面图　　　　　　　以色列本·古里安大学入口广场

（2）半开敞空间

半开敞空间是指在一定区域范围内，周围并不完全敞开，而使部分视线被植物遮挡的空间。

半开敞空间　　　　　　　　　　　　　半开敞空间视线朝向开敞面

（3）封闭空间

封闭空间是指在人所停留的区域范围内，四周由植物封闭，使人容易产生领域感、安全感、私密感的空间。

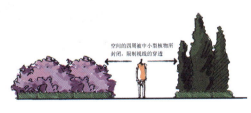

封闭的绿地休息空间　　　　　　　　　　　　封闭空间

（4）垂直空间

垂直空间是指用由分枝点低、树冠紧凑的中小乔木形成的树列或修剪整齐的高绿篱构筑的具有封闭垂直面及开敞顶平面的空间。

修剪整齐的圆柱式绿雕

垂直空间

（5）覆盖空间

覆盖空间是树冠下部与地面之间，通过植物树干分枝点的高低层次和浓密的树冠形成的空间。

浓密树冠形成覆盖空间

地面和树冠下部之间的覆盖空间

（6）动态空间

动态空间是指其中的植物会随着时间的推移和季节的变化，而在叶容、花貌、色彩、芳香、枝干、姿态等方面发生变化的空间。水杉在不同的季节有着不同的色彩。

春来初绿　　　　盛夏浓绿　　　　秋红染叶　　　　傲然冬姿

水杉四季颜色的动态变化

2. 障景

植物材料如同直立的屏障，能遮挡人们的视线，让人们将美景收于眼里，而将其他景物置于视线以外。障景的效果依景观的要求而定，若使用不通透的植物，能完全遮挡视线；若使用枝叶较疏透的植物，则能达到漏景的效果。

使用不通透的植物能完全遮挡视线

障景

3. 体现文化意境

我国历史悠久，文化灿烂。很多古诗词或习俗都赋予了植物人格。在设计中，可以借助植物抒发情怀，寓情于景，情景交融，如传统的"岁寒三友"——松、竹、梅配植形式，象征着坚贞、气节和理想，代表着高尚的品质；橄榄树象征和平等。红色园林景观中常常种植具有象征意义的植物，比如在雨花台烈士陵园入口处以雪松作为行道树，通过雪松凝重的色彩、规则的造型，给人以宁静、严肃、沉重的感受，以烘托烈士宁死不屈、万古长青的革命精神。

常用景观植物的寓意

4. 装饰山水、景观小品

景观植物配置于堆山叠石之间，能表现出地势起伏的自然韵味；配置于水岸之上，能形成倒影或遮蔽水源。柔软的植物材料还可以用来"软化"生硬的建筑形体，可采用如基础栽植、墙角种植、墙壁绿化等形式。

利用大乔木"软化"景墙

建筑墙基绿化

5. 表现时序

景观植物姿态各异，四季色彩多变。春季繁花似锦，夏季绿树成荫，秋季硕果累累，冬季白雪挂枝，真正体现了"时移景异"。如杭州西湖的曲院风荷，每当夏日清风扑面时，荷香满园。

杭州西湖的曲院风荷

（三）经济效益作用

许多景观植物不仅具有很高的观赏价值，也是良好的经济树种。例如桃、梅、李、杏、苹果、梨、山楂、枇杷、柑橘、杨梅等果树的观赏价值很高，果实也美味可口；松属、胡桃属、山茶属等树种的果实和种子富含油脂，为木本油料；茉莉、含笑、白玉兰、桂花等芳香植物富含芳香油，可提炼精油；很多花木的不同器官可以入药，如银杏、牡丹、十大功劳、五味子、木兰、枇杷、刺楸、杜仲、接骨木、金银花等均为药用花木。此外，不少景观植物还可以提供淀粉、纤维、橡胶、树脂、饲料、木材等副产品。

（四）社会作用

1. 提供休憩空间

在校园、居住区、广场、公园、医院等处建设的绿地，可以成为人们休息、交流、活动、疗养的场所。如澳大利亚莫纳什大学广场中的开敞草坪为学生提供了室外交流、活动、休憩的场所。

澳大利亚莫纳什大学广场中的开敞草坪

2. 调节人体生理机能

优美的植物景观可以为人们提供新鲜的空气和明朗的视野，可以有效阻止病菌的滋生并调节人体生理机能。研究证明，植物景观有利于患有神经衰弱、高血压、心脏病等疾病的人恢复健康。

3. 改善城市面貌和社会环境

植物景观能够带给人们美的享受，改善人们的生活环境，也体现了一个城市的面貌和精神文明程度，可为城市的经济发展提供巨大的动力和竞争力。

四、景观植物设计的发展趋势

（一）绿色生态景观

植物景观除了能够给人们带来美的享受，还能产生生态效应。在景观植物设计中，首先要考虑到保护自然植被，其次要开发以地带性植被为核心的多样性植物群落，合理选用乡土树种及野花野草。上海辰山植物园在景观植物设计上从生态植物多样性的角度出发，对不同区域的绿化空间进行经济合理、自然美观、符合生态规律的布置，并建立生态恢复和生态重点植物品种收集应用典范。

（二）注重景观功能

景观植物的应用应结合场地景观的功能需求。位于美国加利福尼亚州的"九曲花街"绝对是当地的一大特色。这一路段原是一个大下坡，为了防止交通事故的发生，特意添加了花坛，车行至此，只能盘旋而下，时速不得超过5英里（1英里≈1.6千米），这一路段因此得名"世界上最弯曲的街道"。波士顿码头地区绿道公园充分考虑到行人纳凉的需求，因此在座椅旁种植了高大乔木。

美国加利福尼亚州的"九曲花街"

波士顿码头地区绿道公园中的大树

（三）开辟全方位绿化空间

随着城市建筑物和硬质铺地不断增加，绿化空间越来越少。因此，景观植物设计有必要从水平方向向垂直方向发展，努力发展屋顶绿化、墙体绿化，全方位开辟绿化空间。

屋顶绿化

2019年中国北京世界园艺博览会中的墙体绿化

五、景观植物的表示方法

景观植物的表示方法

景观植物是现代景观的重要构成要素，在设计图中，我们应根据植物的不同特征，用不同的植物图例来表示不同的景观植物。

（一）景观植物的平面表示方法

景观植物的平面图是指景观植物的水平投影图，一般都采用图例来概括表示，具体方法为：用圆圈表示树冠的形状和大小，用黑点表示树干的位置。由于树木种类繁多，仅用一种圆圈是不能清楚地表达设计意图的。我们应该根据树木的种类、形状及姿态特征，用不同的树冠曲线加以区别。需要注意的是，在设计和绘制平面图的过程中，表示树冠的圆圈的直径即为树木实际的冠径。

1. 乔木的平面表示方法

（1）轮廓型

轮廓型表示方法是只用流畅的线条勾勒出轮廓，这种表示方法比较简单，多用于景观植物的平面草图的绘制。

植物平面图例

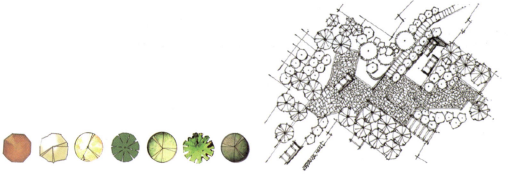

轮廓型

景观植物的平面草图

（2）分枝型

分枝型表示方法是在树木轮廓的基础上，用线条表示树枝和实干的分杈。如果是针叶乔木，其轮廓常为针刺状。

分枝型

（3）枝叶型

枝叶型表示方法是用线条表示树枝，在局部点缀树叶。这种表示方法一般用于落叶乔木的平面图绘制。为了增强树木的立体效果，常在背光部分添加阴影。

枝叶型

（4）质感叶型

质感叶型表示方法是用点、小圆圈或者曲线等元素表示丰满的树冠和树叶，或者在简单轮廓内绘制平行斜线，这种表示方法一般用于常绿乔木的平面图绘制。

质感叶型

2. 灌木的平面表示方法

单株灌木的表示方法与乔木相同，在设计图中，灌木常以绿篱的形式出现，因此需要用另外的图例来表示。自然式绿篱的平面形状多为不规则的，修剪过的绿篱的平面形状多为规则的或平滑的。

规则式常绿绿篱		自然式常绿绿篱	
规则式落叶绿篱		自然式落叶绿篱	

绿篱的平面表示方法

3. 草坪及地被的平面表示方法

（1）草坪的平面表示方法

① 草坪打点法。用打点法画草坪时，要做到疏密有致。草坪边缘、树冠边缘、建筑边缘、景观小品边缘、路缘等都要先画得紧密些，然后逐渐画稀疏。

② 小短线法。将小短线排列成行，行间距相近且各行都排列整齐。

③ 线段排列法。将线段排列整齐，行间可以有断断续续的重叠，也可稍微留白。

④ 斜线排列法。在画有地形变化的草坪平面图时，通常结合等高线，并在每段等高线间用整齐排列的斜线来表示草坪。

（2）地被的平面表示方法

在该平面图中，多以地被栽植的范围为依据，用细线勾勒出地被的轮廓。

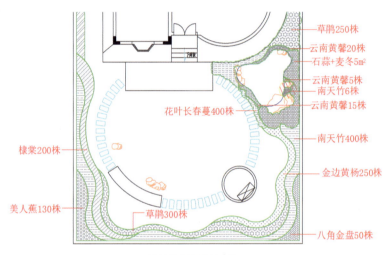

草鹃250株
云南黄馨20株
石蒜+麦冬5㎡
云南黄馨5株
南天竹6株
云南黄馨15株
花叶长春蔓400株
南天竹400株
棣棠200株
金边黄杨250株
美人蕉130株
草鹃300株
八角金盘50株

地被的平面表示方法

（二）景观植物的立面表示方法

景观植物的立面表示方法可分为轮廓、分枝和质感三大类型。轮廓型主要用线勾勒出树冠的整体轮廓。分枝型是在轮廓型的基础上刻画出树的分枝。质感型是在分枝型的基础上再勾勒出叶子的基本形状。树木的立面表现形式有写实的，也有图案化的和稍加变形的。

远处落叶乔木的立面表示方法
近处落叶乔木的立面表示方法
远处常绿灌木的立面表示方法
近处落叶花灌木的立面表示方法

景观植物的立面表示方法1

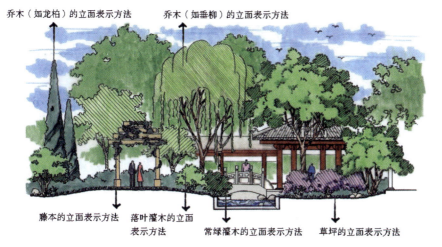

乔木（如龙柏）的立面表示方法　　乔木（如垂柳）的立面表示方法

藤本的立面表示方法　　落叶灌木的立面　　　　　　　　　　草坪的立面表示方法
　　　　　　　　　　　表示方法　　　　常绿灌木的立面表示方法

景观植物的立面表示方法 2

六、苗木的基础知识

（一）苗木的相关术语

　　术语是各个学科的专门用语，有严格的规定。苗木是具有根系和苗干的树苗。凡在苗圃中培育的树苗不论年龄大小，在未出圃之前，都称苗木。苗木的等级是决定其价格的主要因素，而苗木的等级又是根据其自身的规格来确定的。

苗木的相关知识

（1）直生苗

直生苗又称实生苗，是用种子培育而成的苗木。

（2）嫁接苗

嫁接苗是用嫁接方法培育而成的苗木。

（3）独本苗

独本苗是从地面到冠丛只有一个主干的苗木。

（4）散本苗

散本苗是根茎以上分生出数个主干的苗木。

（5）丛生苗

丛生苗是根茎以下分生出数个主干的苗木。

（6）萌芽数

萌芽数是有分蘖能力的苗木，自地下部分（根茎以下）萌生出的芽枝数量。

（7）分杈数

分杈数是有分蘖能力的苗木，自地下部分萌生出的干枝数量。

（8）苗木高度

苗木高度以 H 表示，是苗木自地面至最高生长点的垂直距离。

（9）冠径

冠径又称蓬径，以 P 表示，是苗木冠丛的最大幅度和最小幅度的平均值。

（10）胸径

胸径以 ϕ 表示，是苗木自地面至 1.30 米处树干的直径。

（11）地径

地径以 D 表示，是苗木自地面至 0.30 米处树干的直径。

（12）泥球直径

泥球直径又称球径，是移植苗木时苗木根部所带泥球的直径。

（13）泥球厚度

泥球厚度又称泥球高度，以 h 表示，是移植苗木时苗木根部所带泥球底部至泥球表面的高度。

（14）苗龄

苗龄通常以 1 年生、2 年生等来表示，指苗木繁殖、培育的年数。苗龄用阿拉伯数字表示，第 1 个数字表示播种苗或移植苗在原地培育的年数；第 2 个数字表示第一次移植后培育的年数；第 3 个数字表示第二次移植后培育的年数，数字间用短横线连接，各数字之和为苗木的年龄即苗龄，称几年生。例如，1-0 表示 1 年生播种苗，未经移植；2-0 表示 2 年生播种苗，未经移植；2-2 表示 4 年生移植苗，移植 1 次，移植后继续培育 2 年；2-2-2 表示 6 年生移植苗，移植 2 次，每次移植后各培育 2 年；0.2-0.8 表示 1 年生移植苗，移植一次，播种苗培育 0.2 年，移植后继续培育 0.8 年。

（15）重瓣花

重瓣花是指通过栽培，选育出雄蕊瓣化而成的重瓣优良品种。

（16）长度

长度又称茎长，以 L 表示，是攀缘植物主茎从根部至梢头的长度。

（17）紧密度

紧密度是指球形植物冠丛的疏密程度，通常作为球形植物的质量指标。

（18）面积

植物种植面积的计量单位通常为平方米（ m^2 ）。

（二）苗木的规格和对应符号

在实际苗木交易过程中，以上术语常用相应的符号来表示：高度（株高、灌高、裸干高）常用 H 表示，比如 $H200\sim220$ 一般表示苗木高度为 $200\sim220cm$ ；胸径常用 ϕ 表示，比如 $\phi5\sim6$ 一般表示苗木胸径为 $5\sim6cm$ ；冠幅（冠径、蓬径）常用 P （也可用 W ）表示，比如 $P80\sim100$ 一般表示苗木冠幅为 $80\sim100cm$ ；地径一般用 D 表示，比如 $D10\sim12$ 一般表示苗木地径为 $10\sim12cm$ 。

苗木通常可分为乔木类、灌木类、棕榈及苏铁类、竹类和木质藤本等。苗木的规格指标往往包含许多项，且有先后次序，排在第一位的是主要标准，其余均为辅助标准。要确定苗木的实际规格，应先确定主要标准，再确定辅助标准。

乔木类的规格可通过胸径、株高、冠幅、分杈数、泥球直径等指标来表示。目前市场上乔木类多以胸径（Φ）为主要标准，但是对于较小的苗木，特别是1年生苗木，往往根据地径（D）和株高（H）的大小来确定其价格。

灌木类的规格可通过灌高、蓬径、泥球直径等指标来表示。目前市场上灌木多以灌高（H）为主要标准，但球形的灌木苗木多以球的直径，也就是通常所说的蓬径（P）的大小来确定价格。

棕榈及苏铁类的规格可通过地径、株高、裸干高、冠幅、分权数（或叶片数）、泥球直径来表示。目前市场上棕榈及苏铁类常以裸干高（H）为主要标准，小苗则常以地径（D）和株高（H）为主要标准。

竹类的枝杆挺拔修长，常以基径、每丛枝数、截干高度、泥球直径来表示其规格，目前市场上常以地径（D）和每丛枝数为主要标准。

木质藤本常以地径、主蔓长度、分权数、泥球直径来表示规格，目前市场上常以地径（D）和主蔓长度（L）为主要标准。

需要注意的是，虽然乔木类植物、棕榈类植物、灌木类植物都用"H"来表示高度，但是概念可能有所不同，比如乔木类用H表示的是株高，而棕榈及苏铁类用H表示的是裸干高。一般而言，决定乔木类价格的因素通常为胸径，决定灌木类价格的为灌高，决定球形苗木价格的为冠径，决定棕榈及苏铁类价格的为裸干高，决定小苗价格的为株高或地径。

技能实训

任务1　调研校园植物

一、任务书

根据植物的生长类型、生态习性、观赏特性，小组展开调研，完成校园植物调研表（见表1.7），注意调研的植物应不少于20种。

表1.7　校园植物调研表

序号	植物	科	属	生长类型	生态习性	观赏特性

二、任务分组

三、任务准备

① 结合学生的特点和优势（语言表达能力、植物辨识能力、信息素养）对学生进行分组，每组4～5人。

学生任务分配表

② 阅读任务书，复习景观植物分类的相关知识，准备校园植物调研表（见表1.8）。

四、成果展示

表1.8　校园植物调研表

序号	植物	科	属	生长类型	生态习性	观赏特性
1	雪松	松	松	常绿针叶乔木	喜光、抗寒、忌积水	树冠尖塔形，针叶
2	西府海棠	蔷薇	苹果	落叶阔叶乔木	喜光、耐寒、耐旱、不耐水湿	观花植物，花期3—4月，粉白色
3	二月兰（诸葛菜）	十字花	诸葛菜	一、二年生草本植物	耐寒、耐阴	观花植物，花期3—4月，紫色、白色
4	金叶女贞	木樨	女贞	常绿灌木	喜光、稍耐阴	叶子为绚丽的金黄色，花为银白色
……						

五、评价反馈

学生进行自评，评价自己是否完成校园植物信息的提取，有无遗漏。教师对学生的评价内容包括：书写是否规范，书写内容是否出自实训、是否真实合理，阐述是否详细，认识和体会是否深刻，植物的分类是否合理，是否达到了实训的目的。

① 学生进行自我评价，并将自评结果填入表1.9所示的学生自评表中。

表1.9　学生自评表

班级：	组名：		姓名：
学习模块	景观植物设计的基础知识		
任务1	调研校园植物		
评价项目	评价标准	分值	得分
书写	规范、整洁、清楚	10	
植物种类	不少于20种	10	
科、属	掌握植物的科、属	10	
生长类型	掌握植物的生长类型	10	
生态习性	掌握植物的生态习性	10	
观赏特性	掌握植物的观赏特性	10	
工作态度	态度端正，无无故缺勤、迟到、早退现象	10	
工作质量	能按计划完成工作任务	10	
协调能力	与小组成员、同学能合作交流，协调工作	5	
职业素养	能做到实事求是、不抄袭	10	
创新意识	能够对校园植物调研表进行创新设计	5	
合计		100	

② 学生以小组为单位，对任务1的完成过程与结果进行互评，将互评结果填入学生互评表中。

③ 教师对学生在工作过程中的表现与工作结果进行评价，并将评价结果填入表1.10所示的教师评价表中。将学生自评表、学生互评表、教师评价表的成绩进行汇总填入表1.11所示的三方综合评价表中，形成最终成绩。

学生互评表

表1.10 教师评价表

班级：		组名：		姓名：

学习模块	景观植物设计的基础知识			
任务1	调研校园植物			
评价项目		评价标准	分值	得分
工作过程（60%）	书写	规范、整洁、清楚	5	
	植物种类	不少于20种	5	
	科、属	掌握植物的科、属	5	
	生长类型	掌握植物的8种生长类型，能结合校园植物调研准确理解植物的生长类型	5	
	生态习性	掌握植物的4种生态因子及对应的分类，能结合校园植物调研准确理解植物的生态习性	10	
	观赏特性	掌握植物的6种观赏特性，能结合校园植物调研准确表述植物的观赏特性	10	
	工作态度	态度端正，无无故缺勤、迟到、早退现象	5	
	协调能力	与小组成员、同学能合作交流，协调工作	5	
	职业素养	能做到实事求是、不抄袭	10	
工作结果（40%）	工作质量	能按计划完成工作任务	10	
	校园植物调研表	能按照任务要求完成校园植物调研表	10	
	成果展示	能准确表述、汇报工作成果	20	
合计			100	

表1.11 三方综合评价表

班级：		组名：		姓名：

学习模块	景观植物设计的基础知识			
任务1	调研校园植物			
综合评价	学生自评（20%）	小组互评（30%）	教师评价（50%）	综合得分

任务2 调研苗木规格

一、任务书

在任务1的基础上，调研对应植物的规格（胸径Φ、高度H、冠幅P、地径D），完成苗木规格表（见表1.12）。

表1.12　苗木规格表

序号	植物	图例	规格（H、P、Φ、D）	单位	备注

二、任务分组

三、任务准备

阅读任务书，复习苗木的相关知识，准备苗木规格表（见表1.13）。

学生任务分配表

四、成果展示

表1.13　苗木规格表

序号	植物	图例	规格（H、P、Φ、D）	单位
1	雪松		Φ20～22cm、H100～110cm、P500～440cm	株
2	西府海棠		D6～8cm	株
3	金叶女贞		P60～80cm	m²
4	二月兰		H50～60cm	m²
……				

五、评价反馈

学生进行自评，评价自己是否准确表述不同生长类型的苗木规格，有无遗漏。教师对学生的评价内容包括：书写是否规范，书写内容是否出自实训、是否真实合理，阐述是否详细，认识和体会是否深刻，苗木规格是否准确，是否达到了实训的目的。

① 学生进行自我评价，并将自评结果填入表1.14所示的学生自评表中。

表1.14　学生自评表

班级：	组名：	姓名：	
学习模块	景观植物设计的基础知识		
任务2	调研苗木规格		
评价项目	评价标准	分值	得分
书写	规范、整洁、清楚	10	
植物种类	与任务1中的植物种类对应	10	
植物图例	绘制准确、规范	10	
植物规格	表述准确、规范	20	
工作态度	态度端正，无无故缺勤、迟到、早退现象	10	
工作质量	能按计划完成工作任务	10	
协调能力	与小组成员、同学能合作交流，协调工作	10	
职业素养	能做到实事求是、不抄袭	10	
信息素养	能借助网络调研不同生长类型的苗木规格	10	
合计		100	

② 学生以小组为单位，对任务2的完成过程与结果进行互评，将互评结果填入学生互评表中。

③ 教师对学生在工作过程中的表现与工作结果进行评价，并将评价结果填入表1.15所示的教师评价表中。将学生自评表、学生互评表、教师评价表的成绩进行汇总填入表1.16所示的三方综合评价表中，形成最终成绩。

学生互评表

表1.15　教师评价表

班级：　　　　　　　　　　组名：　　　　　　　　　姓名：

学习模块		景观植物设计的基础知识		
任务2		调研苗木规格		
评价项目		评价标准	分值	得分
工作过程（60%）	书写	规范、整洁、清楚	5	
	植物种类	与任务1中的植物种类对应且表述准确	10	
	植物图例	准确、规范地绘制不同生长类型的植物平面图例	10	
	植物规格	准确、规范地表述不同生长类型的植物规格	20	
	工作态度	态度端正，无无故缺勤、迟到、早退现象	5	
	协调能力	与小组成员、同学能合作交流，协调工作	5	
	职业素养	能做到实事求是、不抄袭	5	
工作结果（40%）	工作质量	能按计划完成工作任务	10	
	苗木规格表	能按照任务要求完成苗木规格表	10	
	成果展示	能准确表述、汇报工作成果	20	
合计			100	

表1.16　三方综合评价表

班级：　　　　　　　　　　组名：　　　　　　　　　姓名：

学习模块	景观植物设计的基础知识			
任务2	调研苗木规格			
综合评价	学生自评（20%）	小组互评（30%）	教师评价（50%）	综合得分

模块小结

重点：景观植物设计的相关概念、植物设计师的岗位职责、根据生长类型对景观植物进行分类的方法、景观植物构筑空间、景观植物的平面表示方法、苗木规格（H、P、Φ、D）。

难点：景观植物设计的发展趋势、不同类型苗木的规格指标、市场行情。

综合实训

解读植物设计案例

（1）实训目的

通过对植物设计案例的分析，达到以下目的。

① 了解植物设计平面图的图纸信息。

② 掌握植物的种类和表示方法、苗木规格。

③ 理解植物设计师的岗位职责。

④ 理解案例的主题表达、创意设计、生态设计。

（2）实训内容

①（小组）收集植物设计案例（平面图、效果图）。

②（小组）分析案例中的植物种类和植物构筑的空间，以及案例的主题表达。

（3）实训成果

①（小组）撰写植物设计案例调研报告。

②（小组）汇报植物设计案例调研报告。

知识巩固

班级：＿＿＿＿＿＿　　姓名：＿＿＿＿＿＿　　成绩：＿＿＿＿＿＿

一、填空题（每空5分，共30分）

1. 根据生长类型，植物可分为（　　　）植物和（　　　）植物。

2. 乔木按高度常分为（　　　）、（　　　）、（　　　）。

3. 歌曲《映山红》传遍大江南北，歌中的映山红就是一种常见的（　　　）植物。

二、单选题（每题5分，共10分）

1. 凡在苗圃中培育的树苗不论年龄大小，在未出圃之前，都称（　　　）。

　　A. 树木　　　　　　B. 苗木　　　　　　C. 植物　　　　　　D. 小树

2. 雪松的树形属于（　　　）。

　　A. 伞形　　　　　　B. 尖塔形　　　　　　C. 球形　　　　　　D. 卵圆形

三、多选题（每题5分，共30分）

1. 景观植物的作用包括（　　　）。

　　A. 保护和改善环境作用　　　　　　　　B. 景观美化作用

　　C. 经济效益作用　　　　　　　　　　　D. 社会作用

2. 草坪根据其对温度的要求不同可分为（　　　）。

　　A. 落叶草坪　　　B. 常绿草坪　　　C. 冷季型草坪　　　D. 暖季型草坪

3．苗木自地面至最高生长点的垂直距离，叫苗木（　　），用符号（　　）表示。

    A．冠幅　　　　　　B．高度　　　　　　C．*H*　　　　　　D．*P*

4．苗木自地面至0.30米处树干的直径，叫（　　），用符号（　　）表示。

    A．地径　　　　　　B．胸径　　　　　　C．*D*　　　　　　D．*Φ*

5．岁寒三友是指（　　）。

    A．菊　　　　　　　B．松　　　　　　　C．竹　　　　　　D．梅

6．景观植物构筑的空间可以分为开敞空间、半开敞空间、封闭空间、（　　）。

    A．垂直空间　　　　B．覆盖空间　　　　C．动态空间　　　D．活动空间

四、判断题（每题2分，共10分）

1．（　　）手绘草坪最常用的方法是打点法。

2．（　　）根据观赏特性，白玉兰属于叶木类。

3．（　　）一、二年生花卉在传统栽培中，播种季节主要为春、秋季。

4．（　　）水仙、郁金香属于宿根花卉。

5．（　　）开敞空间的主要特征是外向性，无隐蔽性，视野开阔。

五、简答题（每题10分，共20分）

1．植物设计师的岗位职责有哪些？

2．阐述中国传统植物及其文化内涵。

知识拓展

1. 影响世界的中国植物

湖北神农架分布着4000多种植物，其中近一半是中国特有的。作为"植物天堂"，中国带给世界的不仅仅是丰富的植物种类，还有几千年来与植物共生共荣的自然理念与文化内涵。从衣食住行到药用、审美，丰富的植物，见证了一种文明的诞生，塑造了中国，影响了世界。英国植物学家E.H.威尔逊曾说："在整个北半球温带地区的任何地方，没有哪个树种不是源于中国的。如果没有这些来自中国的'舶来品'，今天我们的园林和花卉资源将会少得可怜。"从早春的连翘和玉兰，到夏季的牡丹和蔷薇，秋季的菊花，甚至日本的国花"樱花"都源于中国。当人类开始赞颂植物之美，用它妆点家园时，植物也就成了一个文化符号。

大约1.4亿年前，地球上遍布沼泽，气候湿润、温暖，在这片水域中，荷叶伸出了亭亭伞盖。荷花是地球上最早出现的开花植物之一。中国人对荷花充满敬意，因为它具有洁

净的美感，它甚至被中国的造园家称为"湖水的眼睛"。

2. 植树节

1979年2月23日，在第五届全国人大常委会第六次会议上，根据国务院提议，为动员全国各族人民植树造林，加快绿化祖国，决定每年3月12日为我国的植树节。《中华人民共和国森林法》第十条指出，植树造林、保护森林，是公民应尽的义务。此外，《全民义务植树尽责形式管理办法（试行）》提出了8类尽责形式：造林绿化、抚育管护、自然保护、认种认养、设施修建、捐资捐物、志愿服务、其他形式。

3. 我国各城市市花

我国各城市市花

学习反思

_____

_____

学习模块二 景观植物

学习导读

我国幅员辽阔，植物资源多种多样，景观植物也十分丰富。本学习模块汇集整理了近200多种较为常见的景观植物，并简要阐述了部分植物的形态特征、生态习性和植物搭配。本学习模块共12课时：知识储备和技能实训各6课时。知识储备部分主要讲解树木类、花卉类、草坪草类、观赏草类的形态特征、生态习性、植物搭配、应用等。技能实训部分设置了两个学习任务：校园景观植物调研与辨识、公园景观植物调研与辨识。学生应重点掌握景观植物的名称、生长类型、观赏特性（形态、叶色、花期、花色、果期等）和生态习性。

学习目标

※ 素质目标

1. 培养团队精神和责任心。
2. 能够清楚地阐述调研报告、交流调研心得。
3. 树立文化自信意识。
4. 坚持实事求是精神。

※ 知识目标

1. 记住景观植物的名称。
2. 描述景观植物的观赏特性。
3. 比较相似的景观植物。
4. 了解景观植物的生态习性。
5. 整理景观植物的科、属、生长类型、花色、花期、果期等信息。

※ 能力目标

1. 检索与识读景观植物图片资料。
2. 制订景观植物调研计划。
3. 进行实地调研。
4. 编制景观植物调研报告。

思维导图

学习模块二 景观植物
- 知识储备
  - 一、树木类
    - （一）乔木
      - 常绿针叶树
      - 落叶针叶树
      - 常绿阔叶树
      - 落叶阔叶树
    - （二）灌木
      - 常绿灌木
      - 落叶灌木
    - （三）藤本
      - 常绿藤本
      - 落叶藤本
    - （四）竹类
  - 二、花卉类
    - （一）一、二年生花卉
    - （二）宿根花卉
    - （三）球根花卉
    - （四）水生花卉
  - 三、草坪草类
    - （一）暖季型草坪草
    - （二）冷季型草坪草
  - 四、观赏草类
    - （一）常绿观赏草
    - （二）落叶观赏草
- 技能实训
  - 任务1 校园景观植物调研与辨识
  - 任务2 公园景观植物调研与辨识
- 知识拓展
  - 1. "梅花院士"陈俊愉
  - 2. 梅花品种群
  - 3. 中国十大名花
  - 4. 室内观赏植物

一、树木类

（一）乔木

1. 常绿针叶树

（1）黑松（松科/松属）

形态特征： 树冠伞形，树皮灰白色，叶2针一束，长6～15cm。

生态习性： 喜光，耐寒冷，不耐水涝。

常绿针叶树

植物搭配： 孤植（网师园：竹外一枝轩）；丛植；群植；黑松—棣棠＋杜鹃

（2）马尾松（松科/松属）

形态特征： 壮年期树冠为狭圆锥形，树皮红褐色，呈不规则裂片。叶2针一束，罕3针一束，长12～20cm。

生态习性： 喜光，忌水湿，不耐阴。

植物搭配： 丛植；群植；马尾松—红枫；马尾松—刚竹—蜡梅；马尾松—鸡爪槭—毛白杜鹃；马尾松＋栓皮栎＋麻栎—山茶＋垂丝海棠＋棣棠—红花酢浆草；马尾松＋枫香＋杜英＋合欢—桂花＋鸡爪槭＋红枫＋山茶—迎春＋含笑＋杜鹃—黄菖蒲。

（3）湿地松（松科/松属）

形态特征： 树冠窄塔形，树皮紫褐色，呈鳞片状脱落。叶2针或3针一束，长18～30cm。

生态习性： 喜光，耐低洼水湿。

植物搭配： 湿地松—柳杉＋水杉＋池杉—玉簪＋落新妇＋石菖蒲。

（4）雪松（松科/雪松属）

形态特征： 树冠尖塔形，树皮深灰色，呈不规则块状开裂，雌雄异株。叶2针一束，长2.5～5cm。

生态习性： 喜光，抗寒性较强，忌积水。

植物搭配： 孤植；对植；列植；丛植；群植；雪松—虎耳草＋沿阶草；雪松＋悬铃木—紫叶李＋火棘＋棕榈—海桐球＋紫藤—阔叶麦冬；雪松＋龙柏＋红枫—大叶黄杨球＋锦绣杜鹃—雏菊＋沿阶草。

注： 世界五大公园树种为雪松、金松、金钱松、南洋杉、巨杉。

（5）华山松（松科/松属）

形态特征： 树冠广圆锥形，幼树树皮灰绿色，平滑。大枝开展，轮生现象明显，叶5针一束，长8～15cm。

生态习性： 喜光，耐寒，不耐炎热。

植物搭配：行道树；丛植；群植。

（6）白皮松（松科/松属）

形态特征：树冠宽塔形至伞形，树皮淡灰绿色或粉白，树皮呈不规则鳞片状剥落，叶3针一束，长5～10cm。

生态习性：喜光，耐低温。

植物搭配：孤植；对植；列植；行道树；白皮松—蜡梅—南天竹；国槐＋白皮松—花石榴＋金叶女贞＋太平花—苔草；垂柳—白皮松＋西府海棠—蜡梅＋丁香＋平枝枸子—苔草；银杏＋合欢＋白皮松＋栾树—金银木＋天目琼花＋忍冬—紫叶小檗＋金银花＋金叶女贞。

注：五大"美人松"为白皮松、长白松、樟子松、赤松、欧洲赤松。

（7）罗汉松（罗汉松科/罗汉松属）

形态特征：树冠广卵形，树皮灰色，呈鳞片状脱落。叶呈螺旋状排列，条状披针形，叶有中脉。种子被肉质假种皮所包，初为深红色，后变为紫色。

生态习性：耐阴，耐修剪，耐寒性较弱。

植物搭配：孤植；丛植；群植；绿篱；绿墙；盆景；罗汉松＋太湖石；罗汉松—山桃＋红枫＋海棠＋紫荆—茶花—射干＋葱兰；罗汉松＋瓜子黄杨球—花叶扶芳藤＋麦冬＋葱兰。

（8）日本五针松（松科/松属）

形态特征：树冠圆锥形，叶5针一束，长3.5～5.5cm。

生态习性：喜光，忌阴湿，不耐湿，耐修剪，易整形。

植物搭配：日本五针松＋太湖石；日本五针松—月季—麦冬＋葱兰；日本五针松＋蜡梅＋孝顺竹—南天竹。

（9）油松（松科/松属）

形态特征：树冠在壮年期呈塔形或广卵形，老年期呈平顶状，树皮灰棕色，呈鳞片状开裂，裂缝红褐色，大枝开展或斜向上，叶2针一束，长10～15cm。

生态习性：喜光，耐旱，耐寒。

植物搭配：孤植；丛植；群植；行道树；油松＋元宝枫＋侧柏—杜鹃＋金叶女贞。

（10）柳杉（杉科/柳杉属）

形态特征：树冠圆锥形，树皮赤褐色，呈纤维状裂或长条片状剥落。大枝斜展，小枝下垂，叶钻形，叶端内曲。根系较浅，抗风能力差。

生态习性：喜光，稍耐阴，稍耐寒，对二氧化硫、氯气、氟化氢等有较好的抗性。

植物搭配：孤植；列植；丛植；树篱；柳杉＋湿地松—池杉＋水杉—千屈菜＋黄菖蒲。

相似树种：日本柳杉。

（11）杉木（杉科/杉木属）

形态特征：树冠幼年期为尖塔形，壮年期为广圆锥形，主干端直。树皮褐色，裂成长条片状脱落，小枝对生或轮生，叶披针形，镰状微弯，坚硬。

生态习性：喜光，不耐寒，不耐旱。

植物搭配：列植；林植；杉木—桧柏—蜡梅＋樱花＋垂丝海棠＋碧桃＋石榴＋蚊母—紫萼。

相似树种：台湾杉木。

（12）南洋杉（南洋杉科/南洋杉属）

形态特征：树冠圆锥形。树皮粗糙，呈环状剥落。枝长，枝端斜向上，老树枝条下垂。叶为绿色，螺旋状着生。

生态习性：喜光，幼树喜阴。喜暖湿气候，不耐干旱与严寒。

植物搭配：盆栽（长江及长江以北地区）；孤植（南方地区）；行道树（南方地区）。

（13）日本冷杉（杉科/冷杉属）

形态特征：主干挺拔，枝条纵横，形成圆锥形树冠。树皮灰褐色，龟裂。叶基部扭转呈2列，向上呈V形，叶背面有2条灰白色气孔带。

生态习性：高山树种，耐阴性强，耐寒、抗风，喜凉爽湿润气候。

植物搭配：列植；群植。

（14）侧柏（扁柏）（柏科/侧柏属）

形态特征：幼树树冠尖塔形，老树广圆形。树皮红褐色，纵裂，叶、枝扁平，排成一个平面。生态习性：喜光，耐寒，耐修剪。

植物搭配：列植；丛植；绿篱；绿墙；侧柏+栾树—碧桃+紫丁香+紫薇—铺地柏+丰花月季+连翘—鸢尾+麦冬；侧柏—太平花—萱草。

相似树种：洒金千头柏。

（15）圆柏（柏科/圆柏属）

形态特征：树冠尖塔形或圆锥形。叶二型，即刺形叶及鳞形叶；刺形叶生于幼树之上，老龄树则全为鳞形叶。

生态习性：喜光，耐阴，耐修剪。

植物搭配：孤植；列植；丛植；群植；绿篱；绿墙；圆柏+太湖石；圆柏—木芙蓉—麦冬；圆柏—红叶李+罗汉松—铺地柏。

相似树种：龙柏、蜀桧、黄金柏。

（16）北美香柏（美国侧柏）（柏科/崖柏属）

形态特征：树冠塔形，树皮红褐色。

生态习性：喜光，耐阴，耐修剪，抗烟尘和有毒气体。

植物搭配：丛植；绿篱；列植。

（17）日本扁柏（柏科/扁柏属）

形态特征：树冠尖塔形，树皮红褐色，裂成薄片。

生态习性：耐阴，耐寒。

植物搭配：行道树；丛植；绿篱。

（18）日本花柏（柏科/扁柏属）

形态特征：树冠尖塔形。树皮红褐色，裂成薄片。叶深绿色，二型，刺叶通常3叶轮生，鳞形叶交互对生或3叶轮生。

生态习性：喜光，不耐寒，耐修剪（圆柱形）。

植物搭配：丛植；绿篱；绿墙；日本花柏—红叶石楠+海桐。

相似树种：绒柏。

（19）竹柏（罗汉松科/竹柏属）

形态特征：树干通直，树皮褐色，平滑，呈薄片状脱落。叶子为变态的枝条，交叉对生，呈椭圆状披针形，有多条平行细脉。

生态习性：耐阴，不耐寒，不耐修剪。

植物搭配：行道树；对植；疏林草地。

（20）矮紫杉（红豆杉科/红豆杉属）

形态特征：树冠圆形或倒卵形，树皮赤褐色，呈片状剥裂。枝条平展或斜展，叶长1～2.5cm，叶正面深绿色，背面有2条灰绿色气孔带。种子卵圆形，赤褐色，假种皮红色，种子9—10月成熟。

生态习性：阴性树种，耐修剪，耐寒。

植物搭配：孤植；群植；列植；绿篱。

2. 落叶针叶树

（1）金钱松（松科/金钱松属）

落叶针叶树

形态特征：树干通直，树冠宽塔形，树皮深褐色，深裂成鳞状块片。枝条轮生而平展，叶片条形，扁平柔软，秋后变金黄色，圆如铜钱。

生态习性：喜光。

植物搭配：列植；金钱松—锦绣杜鹃+毛白杜鹃—络石+阔叶麦冬+沿阶草+常春藤。

（2）池杉（杉科/落羽杉属）

形态特征：主干挺直，树冠尖塔形。树干基部膨大，在低湿地"膝根"明显。树皮灰褐色，纵裂。

生态习性：喜光，耐水湿，耐寒。

植物搭配：列植；池杉林；池杉—胡颓子—黄花萱草；池杉+湿地松—鸢尾+玉簪。

相似树种：落羽杉。

（3）水杉（杉科/水杉属）

形态特征：幼树树冠圆锥形，老树广卵形。树干基部膨大，树皮灰褐色，纵裂，呈条状剥落。

生态习性：喜光，耐寒，抗有毒气体。

植物搭配：列植；水杉林；水杉+二月兰；水杉+日本柳杉—山麻杆+桂花+紫叶桃—白花三叶草；水杉—八角金盘+蜡梅+洒金桃叶珊瑚+迎春—箬竹+吉祥草+紫萼；水杉+黄连木+乌桕+连香树—卫矛+石楠+十大功劳+粉花绣线菊+棣棠—鸢尾。

（4）水松（杉科/水松属）

形态特征：树冠圆锥形，树皮褐色，呈叶条形或钻形，柔软，冬季与小枝同落。

生态习性：喜光，耐水湿，不耐低温。

植物搭配：水松（浅水中）—落羽杉、池杉、水杉、墨西哥落羽杉（水岸）。

3. 常绿阔叶树

（1）广玉兰（荷花玉兰）（木兰科/木兰属）

常绿阔叶树

形态特征：树冠卵圆形，花白色，花期5—7月。

生态习性：亚热带树种，喜光。

植物搭配：孤植；列植；日本柳杉+广玉兰+香樟+罗汉松—瓜子黄杨球—黄金条+天鹅绒（百慕大）；广玉兰+银杏+棕榈+龙柏+龙爪槐+罗汉松—红枫+桂花+紫荆+海

棠+芭蕉—结香—葱兰+麦冬。

（2）深山含笑（木兰科/含笑属）

形态特征： 树冠圆锥形，花期2—3月，花白色，具芳香。

生态习性： 喜光，喜温暖湿润。

植物搭配： 深山含笑+桂花—阔叶十大功劳+南天竹—马蹄金；深山含笑—红茴香—锦绣杜鹃。

（3）香樟（樟科/樟属）

形态特征： 树冠卵圆形，树皮灰褐色，纵裂。叶为离基三出脉，脉腋有腺体。

生态习性： 喜光，不耐低温，抗有毒气体。

植物搭配： 行道树；香樟—海桐+栀子—红花酢浆草；香樟—瓜子黄杨+洒金桃叶珊瑚—石菖蒲；香樟+榉树—八仙花+卫矛—自然地被。

注： 江南四大名木为楠树、梧桐树、香樟树、梓树。

（4）桂花（木犀科/木犀属）（见表2.1）

形态特征： 树冠圆头形或椭圆形，树皮灰白色，花期9—10月。

生态习性： 喜光，耐半阴，不耐寒。

植物搭配： 桂花+慈孝竹—茶花；桂花+山茶—牡丹。

表2.1 桂花变种

变种	花期	花色、香味	生长类型	叶形、叶色
金桂	9月下旬	金黄色，香味浓	乔木	叶片稍宽大，叶片上部有疏锯齿，下部全缘；深绿色
银桂	花期比金桂晚一周	乳白色或淡黄色，香味浓	乔木	叶片长椭圆形，叶缘无锯齿或呈浅波浪起伏；青绿色
丹桂	9月下旬	花冠初开时为橙黄色，逐渐变为橙红色，香味浓	乔木	叶片较狭长，尾尖明显，叶缘有细密锯齿或全缘；墨绿色
四季桂	四季开花	黄色或白色，香味较淡	灌木	叶片稍圆润，几乎没有尾尖；淡绿色

（5）女贞（木犀科/女贞属）

形态特征： 树冠倒卵形，树皮平滑，灰色。叶花小，圆锥花序顶生，花白色，花期6—7月。

生态习性： 喜光，稍耐阴，小耐寒，耐修剪。

植物搭配： 孤植；列植；行道树。

（6）棕榈（棕榈科/棕榈属）

形态特征： 树干圆柱形，直立，不分枝。老叶柄基部残存不脱落。叶簇生于干顶，扇形，长50~70cm，呈掌状深裂达中下部，叶柄长40~100cm，两侧细齿明显。雌雄异株，圆锥状肉穗花序，花小，黄色，花期4—5月。核果球形，径约1cm，蓝黑色，被白粉，果期10—11月。

生态习性： 喜温暖湿润气候，稍耐低温，是棕榈科最耐寒的树种之一。稍耐旱和水湿，较耐阴。

植物搭配： 列植；丛植；群植；棕榈—凤尾兰；棕榈—红花酢浆草。

（7）石楠（蔷薇科/石楠属）

形态特征： 树冠卵形或圆球形，幼枝绿色或灰褐色，单叶互生，先端尖，缘有细尖锯齿，新叶红色。花白色，花期5—7月。

生态习性： 喜光；耐阴；耐修剪，对烟尘和有毒气体有一定的抗性。

植物搭配： 孤植；丛植；对植；绿墙；石楠＋西府海棠—海桐＋八仙花＋石榴—麦冬。

（8）枇杷（蔷薇科/枇杷属）

形态特征： 树冠圆形。小枝、叶背及花序均密被锈色绒毛，叶先端尖，锯齿迟钝，侧脉明显，表面多皱。圆锥顶生花序，白色，花期10—12月。果球形，橙黄色，翌年5—6月成熟。

生态习性： 喜光，不耐寒。

植物搭配： 枇杷—八仙花—麦冬。

（9）杜英（杜英科/杜英属）

形态特征： 树冠圆形，单叶互生，呈倒卵状披针形，长4～8cm，叶缘有钝锯齿，绿叶中常存有鲜红的老叶。花白色，花期6—8月。

生态习性： 稍耐阴，不耐寒，不耐积水，耐修剪。

植物搭配： 丛植；对植；列植；高绿篱；群植；杜英—杜鹃。

（10）法国冬青（珊瑚树）（忍冬科/冬青属）

形态特征： 树冠卵形，树皮灰褐色。叶革质，叶表面深绿色，背面淡绿色，叶有侧脉6～8对。花白色，聚伞花序顶生，花期5—6月。果卵形，先红后黑，果期7—9月。

生态习性： 喜光，稍耐阴，耐水湿，不耐寒，耐修剪。

植物搭配： 孤植；列植；丛植；绿篱。

（11）杨梅（杨梅科/杨梅属）

形态特征： 树冠圆球形。叶常密集于小枝上端部分，叶倒披针形。花单性，雌雄异株。雄花序圆柱形，紫红色；雌花序球形，成熟时深红色。花期3—4月，果期6—7月。

生态习性： 喜暖，稍耐阴，不耐寒。

植物搭配： 丛植；对植。

（12）柑橘（芸香科/柑橘属）

形态特征： 小枝较细弱，无毛，通常有刺。叶长卵状披针形，长4～8cm。花黄白色，单生或簇生叶腋。果扁球形，径5～7cm，橙黄色或橙红色，果皮薄易剥离。春季开花，10—12月果熟。

生态习性： 喜温暖湿润气候，耐寒性较柚、橙稍强。

植物搭配： 孤植；柑橘—红花酢浆草。

（13）山茶（山茶科/山茶属）

形态特征： 树冠卵圆形，单叶互生，革质。花单生或对生于叶腋或枝顶，花无柄，红色，花期2—4月。果球形，外壳木质化，果期9—10月。

生态习性： 喜侧方庇荫，喜温暖湿润气候，不耐热，不耐严寒，不耐积水。

植物搭配： 孤植；丛植；群植；对植；山茶—牡丹；山茶—海桐；山茶＋假山。

4. 落叶阔叶树

（1）白玉兰（木兰科/木兰属）

形态特征： 树冠卵形，花白色，花期2—3月。

落叶阔叶树

生态习性：亚热带树种，喜光。

植物搭配：丛植；白玉兰+黄玉兰—桂花—八角金盘—鸢尾；白玉兰+广玉兰—山茶；白玉兰+松；白玉兰—山茶—阔叶麦冬；白玉兰+五角枫—山茶—含笑—火棘+绣线菊。

相似树种：黄玉兰。

（2）紫玉兰（木兰科/木兰属）

形态特征：树皮灰褐色，小枝褐紫色。花叶同放，花紫色，花期3—4月。

生态习性：喜光，怕积水。

植物搭配：丛植；紫玉兰—洒金桃叶珊瑚—麦冬。

（3）鹅掌楸（马褂木）（木兰科/鹅掌楸属）

形态特征：树冠圆锥形，树皮灰色，叶形似马褂儿，长12～15cm，叶先端微凹，花被片外面为淡绿色，内面为黄色。花期5—6月。

生态习性：喜光，耐寒。

植物搭配：行道树；鹅掌楸+广玉兰+桂花—八仙花+天目琼花+珍珠梅—萱草+玉簪。

（4）檫木（樟科/檫木属）

形态特征：树干通直圆满，叶多集生于枝顶，长8～20cm，全缘或有2～3裂，离基三出脉明显，叶背有白粉。花黄色，花期3月。果球形，成熟时蓝黑色，被白粉，果期7—8月。

生态习性：喜光，不耐寒。

植物搭配：行道树；丛植。

（5）旱柳（杨柳科/柳属）

形态特征：树冠圆卵形，树皮灰黑色，枝条斜展，叶披针形。

生态习性：喜光，耐寒，耐水湿，耐旱。

植物搭配：行道树；孤植。

（6）白蜡（木犀科/白蜡树属）

形态特征：树冠阔卵形，树皮棕褐色，奇数羽状复叶对生。圆锥花序，花白色，花期5月。翅果，黄褐色，果期10月。

生态习性：喜光，不耐干旱，耐寒。

植物搭配：白蜡+馒头柳+桧柏—麻叶绣线菊+连翘+丁香—阔叶麦冬。

相似树种：美国白蜡。

（7）白梨（蔷薇科/梨属）

形态特征：树冠倒卵形，冠幅4～9m。花呈伞形总状花序，花白色，花瓣5片，先花后叶。花期4月。果卵形或近球形，黄色或黄白色，有细密斑点，果期8—9月。

生态习性：喜光，稍耐寒。

植物搭配：孤植；白梨—木槿。

相似树种：豆梨、杜梨。

（8）梅花（蔷薇科/李属）

形态特征：树干褐紫色，小枝绿色。叶片广卵形，边缘有锯齿。花色有紫色、红色、淡黄色、绿色、粉色、白色等。花每节1～2朵，单瓣或重瓣，早春先花后叶，花期有12

月—翌年1月（中国西南地区），2—3月（中国华中地区），3—4月（中国华北地区）。

梅花林植　　影响世界的中国
植物——梅花

生态习性： 喜光，耐寒。

植物搭配： 林植；梅花—蜡梅—迎春＋美人蕉；梅花—孝顺竹。

品种分类： 花梅、果梅。

（9）李（蔷薇科/李属）

形态特征： 树冠广球形；树皮灰褐色，起伏不平；小枝平滑无毛，灰绿色，有光泽；花白色，3朵并生，花期3—4月，核果球形，果期7—8月。

生态习性： 喜光，耐寒，稍耐阴。

植物搭配： 群植；桃＋李—金丝桃。

（10）杏（蔷薇科/李属）

形态特征： 小枝红褐色，花白色，先花后叶，花期3—5月，果期6—7月。

生态习性： 喜光，耐寒，耐旱。

植物搭配： 片植；杏＋假山；杏—南天竹—沿阶草。

（11）樱花（蔷薇科/李属）

形态特征： 落叶乔木，树皮暗褐色，树皮上有明显凸起的皮孔。叶倒卵形，先端尾尖，叶缘有锯齿，叶背面苍白色，叶柄基部有2个凸起的腺体。花色丰富，有红色、白色、粉色、绿色等，花瓣有缺口。樱花的开花时间主要集中在春季，但有先后，所以有早樱、晚樱的说法。

生态习性： 喜光，耐寒，不耐盐碱土，忌积水低洼地，对烟及风的抗力弱。

植物搭配： 孤植；丛植；群植；行道树。

相似树种： 大岛樱（早樱）、钟花樱（早樱）、染井吉野（早樱）、河津樱（早樱）、寒绯樱（早樱）、日本晚樱（晚樱）、关山樱（晚樱）、郁金（晚樱）、御衣黄（晚樱）、菊樱（晚樱）。

（12）樱桃（蔷薇科/李属）

形态特征： 叶先端尖，基部圆形，叶缘有锯齿。花瓣4片，白色，花期3月，先花后叶。果期5—6月。

生态习性： 耐寒，耐旱，喜阳，不耐阴。

植物搭配： 孤植；片植；樱桃—萱草。

（13）紫叶李（蔷薇科/李属）

形态特征： 树皮为紫灰色，树干光滑。单叶互生，叶紫红色，嫩芽淡红褐色。花粉白色，花单生或2朵簇生，花叶同放，花期3月。

生态习性： 喜光，稍耐阴，耐寒。

植物搭配： 丛植；紫叶李＋木槿＋碧桃—狭叶十大功劳—金边麦冬。

（14）木瓜（蔷薇科/木瓜属）

形态特征： 树皮呈薄片状剥落。花单生子叶腋，粉红色，先叶后花，花期4—5月。果椭圆球形，长10～15cm，暗黄色，木质，有香气，果期8—10月。

生态习性： 喜光，耐寒。

植物搭配： 孤植；丛植；片植。

（15）桃（蔷薇科/李属）

形态特征： 树干灰褐色，粗糙有孔。叶披针形，花粉红色，先花后叶，花期3—4月，果期6—8月。分果桃和花桃两大类。

生态习性： 喜光，耐寒，耐旱，畏涝。

植物搭配： 孤植；丛植；群植；桃+垂柳—迎春+笑靥花。

（16）碧桃（蔷薇科/李属）

形态特征： 小枝红褐色或褐绿色。花单生或2朵生于叶腋，重瓣，花色有粉红色、白色、深红色。花期3—4月。

生态习性： 喜光，耐旱，耐高温，较耐寒，畏涝。

植物搭配： 同桃。

（17）海棠（蔷薇科/苹果属）

形态特征： 树皮灰褐色，光滑。叶互生，表面深绿色而有光泽，背面灰绿色并有短柔毛，叶柄细长，基部有2片披针形托叶。花为5～7朵簇生，伞形总状花序，未开时为红色，开后渐变为粉红色，花期4—5月。梨果球形，黄绿色。

生态习性： 喜光，耐寒，耐旱，不耐水湿。

植物搭配： 海棠—紫丁香+连翘+紫珠—大花萱草。

相似树种： 垂丝海棠、西府海棠、湖北海棠。

（18）二球悬铃木（英国梧桐）（悬铃木科/悬铃木属）

形态特征： 树冠卵圆形，树皮光滑，呈大片块状脱落。叶阔卵形，掌状5裂，有时7裂或3裂；掌状脉3条，稀于5条。果序常2个生于总柄，果期9—10月。

生态习性： 喜光，不耐阴，耐干旱，耐修剪。

植物搭配： 悬铃木—杜鹃—紫叶小檗+金丝桃—沿阶草；悬铃木+垂柳+黑松—金钟花+紫珠+麻叶绣球—二月兰。

相似树种： 一球悬铃木（美国梧桐）、三球悬铃木（法国梧桐）。

注： 英国梧桐是美国梧桐和法国梧桐的杂交种。

（19）合欢（豆科/合欢属）

形态特征： 树冠伞形，树皮灰色。偶数羽状复叶，小叶对生，白天对开，夜间合拢。花萼和花瓣黄绿色，花丝粉红色，花期6—7月。荚果扁平，果期9—11月。

悬铃木景观

生态习性： 喜光，喜温暖，耐寒，耐旱。

植物搭配： 孤植；丛植；行道树；合欢+白皮松—棣棠；合欢—金银木+小叶女贞—早熟禾+紫花地丁。

（20）刺槐（蝶形花科/刺槐属）

形态特征： 树冠椭圆状倒卵形，树皮灰褐色。奇数羽状复叶互生。花蝶形，白色，有芳香，花期5月。荚果带状，扁平，果期10—11月。

生态习性： 喜光，耐寒，耐旱。

植物搭配： 刺槐—棣棠+紫珠—二月兰。

（21）槐树（蝶形花科/槐属）

形态特征： 树冠圆形，树皮暗灰色。小枝绿色，奇数羽状复叶互生。花蝶形，浅黄绿色，花期6—8月。荚果念珠状，悬挂树梢，经冬不落，果期10月。

生态习性： 喜光，耐寒。

植物搭配： 行道树；槐树+桧柏—裂叶丁香+天目琼花—苔草；槐树—红花锦带+珍珠梅—扶芳藤+紫花地丁；槐树+云杉+栾树—山楂+小叶女贞+蔷薇—美国地锦+金银花。

（22）龙爪槐（蝶形花科/槐属）

形态特征： 树冠伞形，大枝弯曲扭转，小枝下垂，奇数羽状复叶互生。

生态习性： 喜光，稍耐阴。

植物搭配： 对植；孤植；龙爪槐+假山。

（23）黄栌（漆树科/黄栌属）

形态特征： 树冠圆形，树皮暗灰褐色。小枝紫红褐色，单叶互生，花小，黄绿色，顶生圆锥花序，有多数不孕花的紫绿色羽毛状细长花梗宿存，花期4—5月。核果肾形，果期6—7月。

生态习性： 喜光，耐半阴，耐寒，耐旱，不耐水湿。

植物搭配： 丛植；黄栌+石楠+山麻杆—金叶女贞+龟甲冬青。

（24）榉树（榆科/榉属）

形态特征： 树冠倒卵状伞形。树皮棕褐色，平滑，老时呈薄片状脱落。单叶互生，缘具锯齿。叶秋季变色，有黄色系和红色系两个品系。

生态习性： 喜光，抗风。

植物搭配： 孤植；丛植；行道树。

（25）朴树（榆科/朴属）

形态特征： 树冠扁球形。单叶互生，不对称，三出脉，中部以上有粗钝锯齿。核果近球形，橙红色，果梗与叶柄近等长，果期10月。

生态习性： 喜光，耐阴，耐水湿。

植物搭配： 孤植；丛植；朴树+榉树+广玉兰—紫薇+西府海棠+桂花—萱草+麦冬。

（26）榔榆（榆科/榆属）

形态特征： 树冠扁球形，树皮灰褐色，呈不规则薄鳞片状剥落。单叶互生，叶小，先端尖，基部歪斜，叶有锯齿。花簇生于叶腋。翅果椭圆形，似铜钱，顶部凹陷，果核居中，果期10月。

生态习性： 喜光，稍耐阴。

植物搭配： 孤植；榔榆+枫香—鸡爪槭+枇杷—杜鹃+南天竹；榔榆+广玉兰+银杏—枇杷+紫薇+垂丝海棠+八仙花—鸢尾+麦冬。

（27）白榆（榆树）（榆科/榆属）

形态特征： 树冠圆球形。叶缘不规则，有锯齿。花簇生，花期3—4月，先于叶开放。翅果近圆形，熟时为黄白色，果核周围具薄翅，果期4—6月。

生态习性： 喜光，耐旱，耐寒。

植物搭配： 白榆—紫荆—麦冬；白榆+乌桕—小棕榈+石楠—二月兰。

（28）青桐（梧桐）（梧桐科/梧桐属）

形态特征： 树干通直，树皮平滑，青绿色。叶心形，掌状3～5裂，基生脉7条，叶柄与叶片近等长。圆锥花序顶生，淡紫色，花期6月。

生态习性： 喜光，不耐寒。

植物搭配： 孤植；青桐—杜鹃—马尼拉草；青桐—红枫—马蹄筋；青桐—孝顺竹—芭蕉。

（29）七叶树（七叶树科/七叶树属）

形态特征： 树冠伞形，树皮灰褐色，呈片状剥落。掌状复叶，小叶常为7枚。

生态习性： 喜光，稍耐阴，耐寒。

植物搭配： 行道树；孤植；丛植；七叶树+广玉兰+鹅掌楸—桂花+鸡爪槭—海桐。

注： 七叶树与悬铃木、椴树、榆树并称"四大行道树"。

（30）垂柳（杨柳科/柳属）

形态特征： 枝条细长下垂，叶披针形，长8～16cm。

生态习性： 喜光，耐水湿，耐寒。

植物搭配： 垂柳+碧桃+日本晚樱；垂柳+栾树+桧柏—棣棠+紫薇+海州常山—苔草+玉簪；垂柳—白皮松+西府海棠—蜡梅+丁香+平枝枸子—苔草。

（31）杜仲（杜仲科/杜仲属）

形态特征： 树冠圆球形。树皮深灰色，树体各部折断均具银白色胶丝。单叶互生，椭圆形，有锯齿，羽状脉，老叶表面网脉下限。雌雄异株，花期4—5月。翅果扁平，顶端2裂，果期10—11月。

生态习性： 喜光，耐寒。

植物搭配： 杜仲—早园竹+枸骨—萱草+早熟禾。

（32）枫杨（胡桃科/枫杨属）

形态特征： 树冠伞形，偶数羽状复叶，叶轴有翼。花单性同株，雄花序单生于新枝顶端，雌花序单生于上年枝侧，花期4—5月。果实连成串，下垂，长20～30cm，有果翅，果期8—9月。

生态习性： 喜光，不耐庇荫，耐水湿，耐寒，耐旱。

植物搭配： 孤植；枫杨—木槿+海桐。

（33）栾树（无患子科/栾树属）

形态特征： 树冠圆形，树皮暗褐色，奇数羽状复叶。花小，金黄色，顶生圆锥花序，长25～40cm，花期7—8月。果三角状卵形，熟时为橘红色，果期9—10月。

生态习性： 喜光，稍耐阴，耐寒。

植物搭配： 行道树；栾树+合欢—洒金桃叶珊瑚+海桐+南天竹—沿阶草；栾树+合欢—栀子花+金丝桃+大吴风草。

（34）无患子（无患子科/无患子属）

形态特征： 树冠广卵形，偶数羽状复叶。圆锥花序顶生，花黄白色或淡紫色，花期5—6月。核果球形，橙黄色，果期9—10月。

生态习性： 喜光，稍耐阴。

植物搭配： 丛植；列植；无患子+银杏+枫香—鸡爪槭+桂花。

（35）紫花泡桐（玄参科/泡桐属）

形态特征： 树冠广卵形或近球形，树皮褐灰色，叶心状，长卵形。花紫色，圆锥聚伞花序，花冠紫色且呈漏斗状钟形，先花后叶，花期4—5月。果皮木质，果期11月。

生态习性： 喜光，不耐阴。

植物搭配： 紫花泡桐—柳叶绣线菊+连翘—白三叶；紫花泡桐—中华绣线菊—垂盆草。

相似树种： 白花泡桐。

（36）楝树（楝科/楝属）

形态特征： 树冠伞形，侧枝开展，枝条宽广，树皮浅纵裂，奇数羽状复叶互生，花淡紫色，圆锥聚伞花序，长25～30cm，花期4—5月。核果球形，黄色，经冬不落，果期10—11月。

生态习性： 喜光，不耐阴，不耐寒，耐水湿。

植物搭配： 楝树+龙柏—黄杨+石楠+棣棠—二月兰；楝树—丁香—二月兰。

（37）重阳木（大戟科/重阳木属）

形态特征： 树冠伞形，树皮褐色，呈薄鳞片状剥落。三小叶复叶，新叶淡红色，入秋后转红色。花淡绿色，花期4—5月，与叶同放。浆果球形，红褐色，果期11月。

生态习性： 喜光，稍耐阴，喜水湿，稍耐寒。

植物搭配： 重阳木+乌桕+金钱松+黑松——毛白杜鹃+锦绣杜鹃——活血丹。

（38）枫香（金缕梅科/枫香属）

形态特征： 树冠卵形。单叶互生，叶掌状3裂，花期3—4月。果球形，针刺状，褐色，果期10月。

生态习性： 喜光，抗风，耐干旱。

植物搭配： 枫香—桂花—小叶栀子；枫香+麻栎—厚皮香—南天竹—沿阶草。

（39）银杏（银杏科/银杏属）

形态特征： 树冠幼年期呈广卵形，壮年期呈圆锥形，树皮灰褐色。主枝斜出，叶扇形，有二叉状叶脉。雌雄异株。核果橙黄色，果期9—10月。

生态习性： 喜光，耐寒，不耐积水，较耐干旱。

植物搭配： 列植；银杏+广玉兰—桂花+紫叶李+夹竹桃+紫玉兰+蜡梅+木槿—黄金条+铺地柏+杜鹃+麦冬；银杏+泡桐—八角金盘+八仙花+山茶—鱼腥草+爬山虎；广玉兰+银杏—碧桃+罗汉松—云南黄馨+凤尾兰；银杏—胡颓子—石蒜。

（40）毛白杨（杨柳科/杨属）

形态特征： 树冠圆锥形。树皮幼时青白色，皮孔菱形；老年期树皮纵裂，暗灰色。花期3-4月，先花后叶。果期4月。

生态习性： 喜光，耐寒。

植物搭配： 毛白杨+元宝枫—碧桃+山楂—榆叶梅+金银花+忍冬—玉簪+大花萱草；毛白杨+栾树+云杉—珍珠梅+金银木—络石；毛白杨+三角枫—天目琼花+连翘—玉簪+荷包牡丹。

相似树种： 银白杨、加拿大杨。

（41）臭椿（苦木科/臭椿属）

形态特征： 树冠呈扁球形或伞形。树皮灰白色或灰黑色，平滑，有些许浅裂纹。奇数羽状复叶互生，叶总柄基部膨大，齿端有1个腺点，有臭味。圆锥花序顶生，花白绿色，花期4—5月。翅果，种子位于翅果中央，果期9—10月。

生态习性：喜光，耐干旱，耐寒，不耐水湿，不耐阴。

植物搭配：臭椿—红瑞木—玉簪；臭椿＋元宝枫—榆叶梅＋太平花＋连翘＋白丁香—络石。

（42）香椿（楝科/香椿属）

形态特征：树冠伞形，树皮红褐色。偶数羽状复叶，嫩叶绿中透紫，有香气。嫩芽可食。花白色，花期5—6月。果期9—10月。

生态习性：喜光，不耐阴，较耐湿。

植物搭配：孤植；行道树；香椿—鸡麻＋锦带花。

（43）乌桕（大戟科/乌桕属）

形态特征：树冠圆球形，树皮灰黑色。叶互生，呈菱形，叶端尖，秋季时会变为红色。花单性，雌雄同株，聚集形成顶生总状花序，呈黄绿色细穗状。蒴果绿色，球形，成熟时为黑色，并裂成3瓣。种子则近圆形，外被白蜡质假种皮。

生态习性：喜光，不耐寒。

植物搭配：乌桕＋三角枫＋枫香—八仙花＋蝴蝶绣球—花叶长春蔓；乌桕＋香樟—南天竹＋蚊母—狗牙根。

（44）南京椴（椴树科/椴树属）

形态特征：树冠倒卵形或椭圆形，树皮深灰褐色。单叶互生，叶三角状卵形，叶端尖，基部呈心形，叶缘有锯齿。10～20朵花形成聚伞花序，黄色，花期7月。果球形，基部有5棱，表面有星状毛，果期9月。

生态习性：喜光，耐阴，不耐寒。

植物搭配：孤植；行道树。

（45）梓树（紫葳科/梓树属）

形态特征：树冠卵形或椭圆形，树皮褐色或黄灰色，树皮浅纵裂，叶宽卵形，长宽近乎相等，全缘或3～5裂，花淡黄色或黄白色，内有紫斑点，花期5—6月。果细长如豇豆，长20～30cm，果期9—11月，经冬不落。

生态习性：喜光，耐寒，稍耐阴。

植物搭配：行道树；孤植；黄金树、楸树。

（46）薄壳山核桃（美国山核桃）（胡桃科/山核桃属）

形态特征：树冠伞形，树干耸直。树皮有深沟，黑褐色。奇数羽状复叶，坚果长椭圆形，果期11月。

生态习性：喜光，耐湿，耐寒。

植物搭配：列植。

（47）喜树（蓝果树科/喜树属）

形态特征：树冠倒卵形，树皮光滑，灰白色。单叶互生，羽状脉明显，花淡绿色，花期5—7月，果期9—11月。

生态习性：喜光，不耐寒，较耐水湿。

植物搭配：孤植；喜树—桂花—小檗＋金丝桃—麦冬＋石蒜＋马尼拉草。

（48）柿树（柿科/柿属）

形态特征：树冠半圆形，树皮暗灰色，裂成长方形小块片固着树干上。叶表面深绿色，有光泽，背面淡绿色。花基数为4，花冠钟状，黄白色，4裂，花期5—6月。果扁球形，橙黄色或鲜黄色，花萼宿存，果期9—10月。

生态习性： 喜光，耐干旱。

植物搭配： 孤植；柿树+乌桕—红枫+鸡爪槭+桂花—含笑+栀子—晚香玉。

（49）枣树（鼠李科/枣属）

形态特征： 枝红褐色，光滑无毛。小枝绿色，呈之字形，单叶互生，基部偏斜，3出或5出脉。花黄白色，花期5—6月。果成熟后呈红色，果期8—9月。

生态习性： 喜光，耐寒。

植物搭配： 孤植。

（50）紫薇（千屈菜科/紫薇属）

形态特征： 小乔木。树皮淡褐色，呈薄片状剥落后特别光滑。小枝四棱，无毛，叶对生。花紫色，花期6—9月，花瓣片皱波状。果球形。

生态习性： 喜光，稍耐阴，耐旱，耐修剪。

植物搭配： 丛植；紫薇+桂花—栀子花。

（51）鸡爪槭（槭树科/槭属）

形态特征： 小乔木，枝条细长，横展，光滑，叶有5～9条掌状深裂纹，径5～10cm，基部心形。花紫色，花期5月。翅果，两翅展开成钝角，果期10月。

生态习性： 喜光，耐阴。

植物搭配： 鸡爪槭—金桂+垂丝海棠+枸骨—蜡梅+栀子花+紫薇—白芨+石蒜。

（52）红枫（槭树科/槭属）

形态特征： 小乔木。叶掌状，有5～7条深裂纹。花顶生伞房花序，紫色，花期4—5月。翅果，翅长2～3cm，两翅成钝角。叶和枝常年呈紫红色。

生态习性： 耐阴，耐寒。

植物搭配： 孤植；红枫+鸡爪槭+桂花—海桐+锦带花+金钟花—花叶长春蔓。

（53）三角枫（槭树科/槭属）

形态特征： 树皮褐色或深褐色，粗糙。叶有3条浅裂纹，长4～10cm，有3条主脉，裂片全缘，背面有白粉。花黄绿色，花期4月。翅果，果翅张开成锐角或近乎平行，果期9月。

生态习性： 耐寒，较耐水湿，萌芽力强，耐修剪。

植物搭配： 孤植；丛植；行道树；三角枫—绣球+含笑—八角金盘—金丝桃+葱兰。

（二）灌木

1．常绿灌木

（1）油茶（山茶科/山茶属）

形态特征： 小乔木或灌木。叶卵状椭圆形，叶缘有锯齿。花1～2朵生于小枝上部叶腋，花无梗，花白色，花期10—12月。蒴果木质，黑褐色，果期翌年9—10月。

生态习性： 喜光，耐寒。

植物搭配： 丛植；群植。

常绿灌木

（2）山茶（山茶科/山茶属）

形态特征： 小乔木或灌木。叶卵形或椭圆形，互生，缘有细齿，叶脉网状，叶面有光泽。花色有白色、粉红色、红色、紫红色、红白相间，花有单瓣、重瓣之分，花期2—4月。

生态习性： 喜半阴，尤以侧方庇荫为佳。

植物搭配： 孤植；丛植；群植；落叶乔木—山茶。

注： 中国十大名花为兰花、梅花、牡丹、菊花、月季、杜鹃、荷花、茶花、桂花、水仙。

（3）茶梅（山茶科/山茶属）

形态特征： 常绿小乔木或灌木。叶椭圆形，叶端锐尖，叶缘有齿，表面有光泽。花色有玫瑰红、白色，花无柄，花期11月至翌年1月。

生态习性： 喜光，稍耐阴，耐寒，耐旱。

植物搭配： 绿篱；地被。

（4）海桐（海桐科/海桐属）

形态特征： 树冠圆球形。单叶互生，革质，倒卵状椭圆形，先端圆钝，边缘单曲，全缘。顶生伞房花序，花白色或黄白色，芳香，花期5月。蒴果卵形，有棱角，熟时3瓣裂，露出鲜红色种子，果期10月。

生态习性： 喜光，稍耐阴，耐修剪，耐寒性不强。

植物搭配： 孤植；对植；丛植；片植；绿篱。

（5）大叶黄杨（卫矛科/卫矛属）

形态特征： 小乔木或灌木。小枝绿色，四棱形，叶革质有光泽，倒卵形。花绿白色，聚伞花序，腋生枝条顶部，花期5月。蒴果扁球形，淡粉红色，熟时4瓣裂，橘红色，果期10月。

生态习性： 喜光，稍耐阴，耐修剪，耐旱，不耐寒。

植物搭配： 绿篱；丛植；对植；地被。

品种： 银边大叶黄杨、金边大叶黄杨、银斑大叶黄杨、斑叶大叶黄杨、狭叶大叶黄杨。

（6）黄杨（黄杨科/黄杨属）

形态特征： 小乔木或灌木。树皮灰褐色，小枝具四棱脊。叶对生，革质，先端圆或微凹。花簇生于叶腋或枝顶，花黄绿色，花期3～4月。果嫩时呈浅绿色，向阳面为红褐色。种子近圆球形，11月成熟，果皮开裂，露出橙红色种皮。

生态习性： 耐半阴，耐修剪，耐寒，耐热，抗污染。

植物搭配： 绿篱；丛植；对植；地被。

（7）小叶女贞（木犀科/女贞属）

形态特征： 枝条铺散，叶椭圆形，光滑无毛，全缘。圆锥花序，花白色，有芳香，花期5—7月。核果椭圆形，紫黑色，果期8—11月。

生态习性： 喜光，耐阴，耐修剪，稍耐寒。

植物搭配： 对植；绿篱；列植；地被。

品种： 金叶女贞。

（8）云南黄馨（木犀科/茉莉属）

形态特征： 藤状灌木。枝细长呈拱形，柔软下垂，四方形，叶对生，小叶3枚。花黄色，花期4—5月。

生态习性：喜光，稍耐阴，不耐寒。

植物搭配：池畔；绿篱；片植。

（9）夹竹桃（夹竹桃科/夹竹桃属）

形态特征：大灌木。叶三枚轮生，线状披针形，中脉明显，叶全缘。聚伞花序顶生，花色有粉红色、白色、黄色、深红色，花有香气，有单瓣、重瓣之分，花期6—10月。

生态习性：喜温暖湿润气候，不耐寒。

植物搭配：群植；绿篱；夹竹桃—红花酢浆草。

（10）凤尾兰（龙舌兰科/丝兰属）

形态特征：叶梗直，叶长40~60cm，叶端呈坚硬刺状。直立圆锥花序，高1~1.5m，花下垂，乳白色，花期6—9月。

生态习性：喜光，耐旱，耐寒。

植物搭配：丛植；群植；列植；绿篱；棕榈—凤尾兰。

附种：丝兰。

（11）苏铁（苏铁科/苏铁属）

形态特征：叶羽状深裂，厚革质坚硬，羽片条形，长达18cm，边缘反卷。雄球花长圆柱形，雌球花扁球形，密被黄褐色绵毛，花期6—8月。种子卵形，微扁，果期10月。

生态习性：喜光，耐阴，不耐寒，不耐水湿。

植物搭配：盆栽（华东、华北地区）；对植。

（12）栀子花（茜草科/栀子花属）

形态特征：小枝绿色，叶对生或3枚轮生，倒卵状椭圆形，革质有光泽，全缘。花大，单生于枝顶或叶腋，花白色或淡黄色，具浓香，花期5—6月。

生态习性：喜光，耐阴，不耐寒，耐修剪。

植物搭配：孤植；对植；群植；列植；绿篱。

（13）红花檵木（金缕梅科/檵木属）

形态特征：小枝、嫩叶、花萼均带紫色。叶全缘互生。花瓣带状线形，紫红色，3~8朵簇生于小枝顶端，花期4—5月。蒴果木质，熟时4瓣裂，果期9—10月。

生态习性：喜光，耐半阴，耐修剪。

植物搭配：孤植；丛植；地被；绿篱；红花檵木—侧柏—麦冬。

相似树种：白花檵木。

（14）龟甲冬青（忍冬科/冬青属）

形态特征：高0.3—0.5m。多分枝，小枝有灰色细毛，叶小而密，叶面凸起，厚革质，椭圆形至长倒卵形。花白色，花期5—6月。果球形，黑色，果期8—10月。

生态习性：喜温湿气候，喜光，稍耐阴，较耐寒，耐修剪。

植物搭配：地被；丛植。

（15）阔叶十大功劳（小檗科/十大功劳属）

形态特征：小叶9~15枚，卵状椭圆形，叶缘反卷，叶两侧有大刺齿2~5个，叶坚硬革质，有光泽。花黄色，有香气，总状花序直立，花期3—4月。浆果卵形，蓝黑色，果期9—10月。

生态习性：耐阴，耐寒。

植物搭配：丛植；点缀假山；林缘下木；盆栽。

（16）十大功劳（小檗科/小檗属）

形态特征：小叶5～9枚，狭披针形，革质有光泽，叶缘刺齿，无叶柄。花黄色，总状花序4～8条簇生，花期8—12月。浆果球形，蓝黑色，被白粉，果期12月至翌年1月。

生态习性：耐阴，耐寒，阳处阴处均能生长。

植物搭配：丛植；点缀假山；林缘下木；绿篱；地被。

（17）杜鹃（杜鹃花科/杜鹃花属）

形态特征：叶纸质或近革质，对生或簇生，倒卵形或长圆状倒卵形。花单生或2～3朵簇生，花色有红色、粉红色、白色、粉白相间，花期3—6月，果期5月至翌年1月。

生态习性：喜阴，喜湿，耐修剪。

植物搭配：丛植；群植；地被；绿篱；鸡爪槭—毛白杜鹃；青枫—红花杜鹃；杜鹃专类园。

品种：映山红、毛鹃、夏鹃、西洋鹃、东鹃、春鹃、羊踯躅、迎红杜鹃、马银花、云锦杜鹃、毛白杜鹃。

（18）红背桂（大戟科/土沉香属）

形态特征：叶表面深绿色，背面深紫红色。穗状花序顶生，花淡黄色，花期6—7月。

生态习性：热带树种，耐阴，不耐寒，不耐水湿。

植物搭配：盆栽。

（19）南天竹（小檗科/南天竹属）

形态特征：丛生状。2～3回羽状复叶，互生，中轴有关节，叶全缘。花白色，顶生圆锥花序，花期5—7月。浆果球形，红色，果期9—10月，经冬不落。

生态习性：喜半阴，耐寒，不耐强光。

植物搭配：地被；点缀假山；鸡爪槭—南天竹；海棠—南天竹＋贴梗海棠。

（20）月季（蔷薇科/蔷薇属）

形态特征：高可达2m，最矮至0.3m。小枝有钩刺或无刺。羽状复叶，小叶3～5枚，先端尖，具尖锯齿。花单生或几多集生成伞房花序。花色有紫红色、粉色、白色等，花期5—10月。蔷薇果卵形，红色，果期9—11月。

生态习性：喜光，耐寒，耐旱，耐修剪。

植物搭配：地被；花境；花坛；月季专类园。

（21）红叶石楠（蔷薇科/石楠属）

形态特征：小乔木或灌木，小枝褐灰色，无毛。叶革质，互生，叶边缘有细锯齿。复伞房花序顶生，花白色，花期4—5月。梨果球形，红色或褐紫色。新叶春季红艳，夏季转绿，秋、冬、春三季呈红色。

生态习性：喜光，耐寒，耐旱，耐阴，耐修剪。

植物搭配：绿篱；地被；丛植。

（22）蚊母树（金缕梅科/蚊母属）

形态特征：树冠圆球形，单叶互生，倒卵状椭圆形，全缘，革质，叶上常有囊状虫瘿。总状花序，花药红色，花期4月。蒴果卵形，长约1cm，密生星状毛，果期9月。

生态习性：喜光，稍耐阴，耐修剪，耐烟尘污染。

植物搭配：孤植；对植；绿篱；木芙蓉—蚊母树。

附种：杨梅叶蚊母树。

（23）洒金桃叶珊瑚（山茱萸科/桃叶珊瑚属）

形态特征：树冠球形或半球形，小枝绿色。单叶互生，叶肉革质，卵形，叶两面油绿有光泽，叶面有黄斑。花紫色，小，组成顶生圆锥花序，花期3—4月。核果熟时呈鲜红色，宛如珊瑚，果期11月。

生态习性：喜半阴，不耐寒。

植物搭配：丛植；点缀假山；地被；孝顺竹—洒金桃叶珊瑚+杜鹃。

（24）枸骨（冬青科/冬青属）

形态特征：小乔木或灌木，树皮灰白色，叶互生，革质，叶顶端有3枚竖硬刺齿，叶基部两侧各具1枚大刺齿。花黄绿色，花期4—5月。核果球形，鲜红色，果期9月。

生态习性：耐修剪，不耐寒，阳处阴处均能生长。

植物搭配：刺篱；孤植；对植；丛植；点缀假山。

附种：全缘叶枸骨。

（25）八角金盘（五加科/八角金盘属）

形态特征：叶大，掌状7～9裂，叶柄长。圆锥花序顶生，花朵小，白色，花期11月。果球形，黑色，肉质，果期翌年5月。

生态习性：喜阴，不耐寒，抗二氧化硫。

植物搭配：对植；地被；丛植。

（26）通脱木（五加科/通脱木属）

形态特征：小乔木或灌木。高1～3.5m。茎粗壮，不分枝。叶大，互生，聚生于茎顶，叶柄粗壮，圆筒形，长30～50cm，叶掌状5～11裂。伞形花序聚生成顶生或近顶生大型复圆锥花序，花期10—12月。果球形，熟时呈紫黑色，果期翌年1—2月。

生态习性：喜光，喜温暖。

植物搭配：丛植；银杏—通脱木。

（27）含笑（木兰科/含笑属）

形态特征：小乔木或灌木。树冠扁球形，芽、小叶、叶柄、花梗均密被黄褐色绒毛。叶革质，倒卵形。花淡黄色，有浓香，开放时半开半合，花期3—6月。果期7—8月。

生态习性：喜半阴，耐寒，不耐旱。

植物搭配：盆栽；丛植；含笑—红花酢浆草；含笑—南天竹+十大功劳。

（28）棕竹（观音竹）（棕榈科/棕竹属）

形态特征：丛生灌木。高1～3m。茎干直立，茎纤细如手指，不分枝，有叶节，叶聚生枝顶，掌状，裂片3～12枚。肉穗花序腋生，花小，淡黄色，花期4—5月。浆果球形，种子球形，果期11—12月。

分布：中国长江流域及长江以南地区。

生态习性：喜阴，不耐积水，不耐寒。

植物搭配：盆栽；丛植；地被；点缀景石；绿篱。

（29）铺地柏（柏科/圆柏属）

形态特征：匍匐灌木，高75cm，冠幅2m，枝干贴近地面伸展，小枝密生。叶均为刺形叶，3叶交叉轮生，叶上有2条白色气孔线。

生态习性：喜光。

植物搭配：地被；点缀景石。

相似树种：沙地柏。

（30）鹿角柏（柏科/圆柏属）

形态特征：丛生状，干枝向四周斜展，针叶灰绿色。

生态习性：喜阳，耐寒。

植物搭配：地被；点缀景石。

2. 落叶灌木

落叶灌木

（1）蜡梅（蜡梅科/蜡梅属）

形态特征：大灌木。小枝近方形。单叶对生，叶卵状椭圆形，叶端渐尖，全缘，叶表面粗糙，背面光滑无毛。花黄色，先花后叶，花期初冬至早春。蒴果口部收缩，果期7—8月。

生态习性：喜光，稍耐阴，耐寒，耐修剪，耐旱，不耐水湿，抗二氧化硫、氯气。

植物搭配：对植；丛植；林植；花池；花台；蜡梅—南天竹。

（2）木芙蓉（锦葵科/木槿属）

形态特征：小乔木或大灌木。叶掌状3～5裂，叶两面有毛。花大，径8cm，花先粉红色、白色后深红色，花期9—11月。

生态习性：喜光，稍耐阴，不耐寒，抗二氧化硫。

植物搭配：绿篱；群植。

（3）棣棠（蔷薇科/棣棠属）

形态特征：丛生灌木，高1.5～2m，枝条下垂。叶互生，叶缘有重锯齿。花金黄色，单生于侧枝顶端，花期4—5月。

生态习性：喜温暖阴湿环境，不耐寒。

植物搭配：花篱；群植；珊瑚树—棣棠；桂花—棣棠；石楠—棣棠。

变种：重瓣棣棠。

相似树种：鸡麻（花白色）。

（4）紫荆（豆科/紫荆属）

形态特征：小乔木或灌木。高2～4m。幼枝光滑，老枝粗糙。叶互生，近圆形，基部心脏形，叶全缘，掌状5出脉。花着生于2年生以上的枝条上，簇生，花紫红色，花先于叶开放。花期4月。荚果扁而薄，成熟时呈红褐色，果期8月。

生态习性：喜光，不耐阴，耐寒，耐旱，不耐潮湿。

植物搭配：丛植；花篱；紫荆+碧桃+孝顺竹—棣棠；紫荆—海桐+红叶石楠+山茶。

（5）木槿（锦葵科/木槿属）

形态特征：小乔木或灌木，叶菱状卵形，互生，叶端3裂，裂缘缺刻状，花色有紫色、白色、红色，花期6—9月。

生态习性：喜光，耐半阴，耐旱，耐寒。

植物搭配：花篱；绿篱；群植；木槿—海桐；枫杨—木槿＋桂花—阔叶麦冬。

（6）黄刺玫（蔷薇科/蔷薇属）

形态特征：高2～3m，枝密集，小枝细长，紫褐色或深褐色，有刺。奇数羽状复叶，小叶7～13枚。花单生，单瓣或重瓣，黄色，花期5—6月。果球形，红黄色，果期7—8月。

生态习性：喜光，耐阴，耐寒性差。

植物搭配：孤植；丛植；篱植；点缀假山。

（7）结香（瑞香科/结香属）

形态特征：高1～2m，枝3叉状，棕红色。叶倒披针形，先端急尖。花黄色，有芳香，花期3月，先花后叶。核果卵形，状如蜂窝。

生态习性：喜半阴，耐日晒，不耐寒，忌积水。

植物搭配：孤植；丛植；对植；角隅；点缀假山。

（8）金丝桃（蔷薇科/金丝桃属）

形态特征：半常绿，高0.6～1m。小枝圆柱形，红褐色，光滑无毛。叶无柄，叶长椭圆形，先端尖，叶表面绿色，背面粉绿色。花黄色，花瓣5片，花柱细长，雄蕊长，花期5—6月。

生态习性：喜光，耐阴，忌积水，耐旱。

植物搭配：花台；群植；花篱。

（9）八仙花（绣球）（八仙花科/八仙花属）

形态特征：叶对生，叶大有光泽，叶缘有锯齿且粗钝，叶表面鲜绿色，叶背面黄绿色。伞形花序顶生，花色多变，初时白色，渐变为蓝色或粉红色，花期6—8月。

生态习性：不耐寒，耐阴，忌强光。

植物搭配：对植；地被；盆栽。

（10）金钟花（木犀科/连翘属）

形态特征：枝干直立，小枝节间髓呈薄片状。叶对生，叶中部以上有锯齿。花1～3朵簇生，花淡黄色，花期3月。

生态习性：喜光，耐半阴，耐寒，耐旱，耐湿。

植物搭配：丛植；绿篱；榆叶梅—绣线菊＋金钟花。

相似树种：连翘（枝条下垂且呈拱形）。

（11）迎春（木犀科/茉莉属）

形态特征：小枝细长呈拱形，有4棱。叶对生，3小叶复叶。花单生，先花后叶，花黄色，花期2—4月。

生态习性：喜光、耐旱、耐寒。

植物搭配：池边；丛植；绿篱；梅花—迎春＋南天竹。

注："雪中四友"为梅花、水仙、山茶、迎春。

相似树种：探春、云南黄馨。

检索表：

1．叶互生……………………………………………探春（花期6—8月）

2．叶对生

① 落叶………………………………………迎春（花期2—4月）

② 常绿………………………………………云南黄馨（花期4—5月）

（12）笑靥花（李叶绣线菊）（蔷薇科/绣线菊属）

形态特征：小枝细长，叶披针形。伞形花序，无总梗，花3～6朵，花重瓣，花径1cm，白色，花期3—4月，花叶同放。

生态习性：喜光，稍耐阴，耐旱，耐寒，耐修剪。

植物搭配：丛植；点缀假山；对植；垂柳—笑靥花+金钟+夹竹桃。

相似树种：珍珠花、麻叶绣球、日本绣线菊（粉花绣线菊）、三裂绣线菊、柳叶绣线菊。

（13）牡丹（毛茛科/芍药属）

形态特征：树皮黑灰色。叶互生，3出复叶，花单生于枝顶，花色有紫色、深红色、粉红色、黄白色、豆绿色，花期4月下旬—5月。

生态习性：喜温暖、干燥、阳光充足的环境，适宜在地势高、排水良好的沙壤土中生长。

植物搭配：片植；花台；点缀湖石。

（14）海仙花（忍冬科/锦带花属）

形态特征：小枝粗壮。花1～3朵腋生，聚伞花序，花初开时为淡玫瑰红或黄白色，后变为深红色，花期4—5月。蒴果柱状，种子有翅，果期9—10月。

生态习性：喜光，稍耐阴，耐寒性不强。

植物搭配：丛植；绿篱；海仙花+迎春—冷季型混播草（黑麦草+高羊茅+早熟禾）。

相似树种：锦带花。

（15）贴梗海棠（皱皮木瓜）（蔷薇科/木瓜属）

形态特征：枝开展，有刺。叶卵形，叶缘有锯齿，托叶大，肾形，缘有重锯齿。3～5朵簇生2年生老枝上，花色有粉红色、朱红色、白色，花期3—4月。果黄色或黄绿色，有芳香，果期9—10月。

生态习性：喜光，耐寒。

植物搭配：丛植；绿篱；点缀假山；黄杨—贴梗海棠+凤尾兰+南天竹—麦冬；贴梗海棠—云南黄馨；梅花+紫竹—贴梗海棠+映山红。

（16）山麻杆（大戟科/山麻杆属）

形态特征：丛生，高2～3m。老枝棕色或紫红色。单叶互生，叶基部心脏形，叶缘有粗锯齿，叶幼时红色或紫红色，后变为浅绿色。花小，无花瓣，紫色，花期4—5月，先花后叶。果圆形，果期7—8月。

生态习性：喜光，稍耐阴。

植物搭配：丛植；点缀假山；山麻杆—木芙蓉+大叶黄杨。

（17）日本小檗（小檗科/小檗属）

形态特征：幼枝红褐色，老枝灰棕色或紫色，具条棱，枝端呈针刺状。叶小，叶丛下有叶刺。花浅黄色，花3～4朵簇生，呈伞形花序，花期5月。果椭圆形，红色，长约1cm，果期9月。

生态习性： 喜光，稍耐阴，耐修剪，耐寒。

植物搭配： 绿篱；丛植；点缀假山。

变种： 紫叶小檗（叶深红色）。

（18）溲疏（虎耳草科/溲疏属）

形态特征： 树干丛生。树皮呈薄片状剥落，小枝红褐色，叶卵形，两面粗糙。花白色，直立圆锥花序，花期5—6月。

生态习性： 喜光，稍耐阴，耐寒，耐修剪。

植物搭配： 孤植；丛植；花篱；桂花—溲疏。

变种： 重瓣溲疏（花重瓣）、彩色溲疏（花白色，表面有洋红色斑点）。

（19）四照花（山茱萸科/四照花属）

形态特征： 小乔木或灌木，树形整齐。小枝细长绿色，后变为褐色。叶对生。花20～30朵簇生，呈球形花序，基部有4枚白色花瓣状苞片，花期5—6月。核果球形，熟时呈紫红色，果期9—10月。

生态习性： 喜光，稍耐阴，耐寒。

植物搭配： 丛植；四照花—珊瑚树+石楠。

（20）山茱萸（山茱萸科/山茱萸属）

形态特征： 小乔木或灌木。叶对生，卵形，先端渐尖，基部圆形，侧脉6～8对。花黄色，花15～35朵簇生，呈伞形花序，有4枚卵形苞片，黄绿色，花期3—4月。果椭圆形，熟时呈红色，果期9—10月。

生态习性： 喜光，耐阴，耐寒性强。

植物搭配： 丛植；山茱萸—海桐；山茱萸+火棘—红花酢浆草。

（21）卫矛（卫矛科/卫矛属）

形态特征： 小枝具2～4条硬木栓质翅。叶对生，倒卵状椭圆形，先端尖，嫩时及秋后呈红色。花黄绿色，4～9朵呈聚伞花序，腋生，花期5—6月。蒴果4裂，橙红色，果期9—10月。

生态习性： 喜光，稍耐阴，耐旱，耐寒。

植物搭配： 绿篱；孤植；群植；点缀假山。

（22）紫丁香（木犀科/丁香属）

形态特征： 落叶灌木，单叶对生，叶卵形，圆锥花序，花期4—5月。

生态习性： 温带及寒带树种，耐寒，喜光。

植物搭配： 丛植；鹅掌楸—紫丁香；榉树—紫丁香。

相似树种： 白丁香（花白色）。

（23）锦鸡儿（豆科/锦鸡儿属）

形态特征： 丛生，枝条细长柔软，下垂。羽状复叶，在短枝上丛生，在嫩枝上单生，叶轴宿存，顶端硬化呈针状，托叶2裂，呈针状。花腋生，金黄色，花期4—5月。荚果稍扁，无毛，果期8—9月。

生态习性： 喜光，耐旱，忌湿涝。

植物搭配： 绿篱；丛植；紫薇+山茶—锦鸡儿+南天竹。

（24）天目琼花（忍冬科/荚迷属）

形态特征：老枝和茎暗灰色，具浅条裂纹，小枝具明显皮孔。叶通常3裂，掌状3出脉，裂片边缘有不规则锯齿。复伞形聚伞花序，花大，白色，不孕花，花期5—6月。核果球形，红色，果期8—9月。

生态习性：喜光，耐阴，耐寒。

植物搭配：天目琼花＋忍冬—紫叶小檗＋金银花＋金叶女贞。

相似树种：木绣球、琼花、雪球、蝴蝶树戏珠花。

检索表：

1．叶不裂

　　① 冬芽裸露

　　② 花序全为不孕花……………………………………………木绣球

　　③ 花序边缘为不孕花…………………………………………琼花

　　④ 冬芽具1～2对鳞片

　　⑤ 花序全为不孕花……………………………………………雪球

　　⑥ 花序边缘为不孕花…………………………………………蝴蝶树戏珠花

2．叶3裂，裂片不规则齿，掌状3出脉………………………天目琼花

（25）羽毛枫（细叶鸡爪槭）（槭树科/槭属）

形态特征：树冠开展，枝略下垂。叶片细裂，新枝紫红色，成熟枝暗红色。嫩叶艳红，后转为淡紫色甚至泛暗绿色，秋叶从深黄渐变至橙红色。

生态习性：喜温暖气候，不耐寒。

植物搭配：丛植；点缀假山；羽毛枫—海桐＋大叶黄杨；鸡爪槭＋红枫—羽毛枫＋锦绣杜鹃；桂花—羽毛枫＋南天竹。

（26）无花果（桑科/榕属）

形态特征：小枝粗壮。叶互生，常3～5裂，边缘呈波状，表面粗糙，背面有柔毛。花小，生于中空的花托内，形成隐头花序，花期4—5月。果梨形，黄绿色，果期6—11月。

生态习性：喜光，不耐寒，耐旱，抗烟尘。

植物搭配：孤植；丛植；点缀假山。

（三）藤本

1．常绿藤本

（1）常春藤（五加科/常春藤属）

形态特征：借气生根攀缘，叶互生，全缘或3浅裂。伞形花序单生或2～7朵顶生，花小，黄白色或绿白色，花期5—8月。

常绿藤本

生态习性：耐寒，耐阴。

植物搭配：假山；岩石；围墙；地被。

品种：花叶常春藤、银斑常春藤、金边常春藤、中华常春藤。

（2）叶子花（三角梅）（紫茉莉科/叶子花属）

形态特征：枝具刺，呈拱形下垂。单叶互生，花顶生，花小，黄绿色，常3朵簇生于

3枚较大的苞片内，苞片卵圆形，为主要观赏部位，花期可从11月起，至翌年6月止。苞片的颜色有鲜红色、橙黄色、紫红色、乳白色等。

生态习性：喜光，不耐寒。

植物搭配：盆栽；花架（华南地区）。

（3）络石（夹竹桃科/络石属）

形态特征：攀缘藤本，茎长达10m，呈赤褐色，有乳汁。单叶对生。聚伞花序顶生或腋生，花白色，形如风车，有浓香，花期4—5月。

生态习性：喜光，耐阴，耐旱，忌积水，不耐严寒。

植物搭配：地被；假山。

（4）油麻藤（豆科/油麻属）

形态特征：茎棕色或黄棕色，粗糙。3出羽状复叶，全缘。花大，蝶形，总状花序，下垂，深紫色，花期4—5月。荚果扁平，木质，密被金黄色粗毛，长30~60cm，果期10月。

生态习性：喜温暖湿润气候，耐阴，耐旱，不耐寒。

植物搭配：棚架；绿廊；墙垣；护坡。

品种：白花油麻藤（花白色）。

（5）扶芳藤（卫矛科/卫矛属）

形态特征：茎匍匐或攀缘，枝密生小瘤状突起。单叶对生。聚伞花序，花绿白色，花期6—7月。蒴果球形，淡红色，果期10月。

生态习性：耐半阴，耐旱。

植物搭配：地被。

变种：斑叶扶芳藤（叶缘白色或粉红色）、白边扶芳藤（叶缘白绿色）。

（6）南五味子（五味子科/南五味子属）

形态特征：长4余米，全身无毛。叶椭圆形，先端渐尖。浆果球形，深红色，果期10月。

生态习性：喜阴湿环境，不耐寒。

植物搭配：廊架；门廊；栏杆；假山；地被。

（7）炮仗花（紫葳科/炮仗花属）

形态特征：因花似炮仗而得名。小叶2~3枚，花橙红色，长约6cm。多朵花紧密排列成下垂的圆锥花序，花期1—2月。

生态习性：喜光，不耐寒。

植物搭配：阳台；花廊；花架；门厅。

2．落叶藤本

（1）紫藤（蝶形花科/紫藤属）

形态特征：木质藤本，奇数羽状复叶，小叶7~13枚，通常9枚。花紫色，形成下垂的总状花序，花期4—5月，花叶同放。荚果，长10~20cm，被灰色绒毛。

生态习性：喜光，略耐阴，较耐寒。

落叶藤本

植物搭配：廊架；花架；凉亭。

（2）爬山虎（地锦）（葡萄科/爬山虎属）

形态特征：卷须短，须端扩大呈吸盘状。单叶3裂或3小叶，基部心形，缘有粗齿。入秋后叶转为红色。聚伞花序，花期6月。浆果球形，果期10月。

生态习性：喜阴湿，耐强光，耐寒，耐旱。

植物搭配：墙壁。

附种：五叶地锦（小叶5枚）。

（3）云实（苏木科/苏木属）

形态特征：枝干、叶轴、花序均有倒钩刺，枝先端呈拱形状下垂或攀缘向上。叶二回偶数羽状复叶。假蝶形花，黄色，总状花序，花期5—6月。荚果熟时呈赤褐色，沿腹缝开裂，果期9—10月。

生态习性：耐旱。

植物搭配：花架。

（4）葡萄（葡萄科/葡萄属）

形态特征：树皮红褐色，呈条状剥落。卷须与叶对生，单叶互生，近圆形，基部心形，缘具粗齿。花小，黄绿色，圆锥花序，与叶对生，花期5—6月。浆果球形，果期8—9月。

生态习性：喜光，耐旱，忌涝。

植物搭配：棚架；门廊。

（5）中华猕猴桃（猕猴桃科/猕猴桃属）

形态特征：缠绕藤本，叶互生，纸质。叶顶端突尖，微凹，叶缘具刺毛状细齿，叶背面密生灰棕色绒毛。花乳白色，后变为黄色，具香气，花期6月。浆果卵形，有棕色绒毛，黄褐色，果期8—10月。

生态习性：喜光，稍耐阴，耐寒。

植物搭配：花架；假山。

（6）金银花（忍冬科/忍冬属）

形态特征：半常绿藤木。小枝细长，中空，左缠。树皮棕褐色，呈条状剥落。单叶对生，全缘，冬叶微红。花成对腋生。花冠唇形，花先白后黄，具芳香，花期5—7月。浆果球形，熟时呈黑色，果期8—10月。

生态习性：喜光，耐阴，耐寒，耐旱，耐水湿。

植物搭配：花架；围栏；假山；地被。

（7）凌霄（紫葳科/凌霄属）

形态特征：借气生根攀缘上升，茎长达10m。树皮灰褐色，呈细条状纵裂。小枝紫褐色。奇数羽状复叶，对生，小叶7～9枚。花由3出聚伞状花序集成顶生圆锥花序，花冠内面鲜红色，外面橙红色，钟形，花期7—9月。

生态习性：喜光，稍耐阴，耐旱，耐寒力不强。

植物搭配：拱门；廊架；假山。

附种：美国凌霄。

（8）木通（木通科/木通属）

形态特征：掌状复叶，小叶5枚，倒卵形或椭圆形，全缘。花紫色，总状花序腋生，花期4—5月，与叶同放。果肉质，熟时呈紫色，沿腹缝线开裂，果期8—9月。

生态习性： 耐阴，喜温暖气候。

植物搭配： 门廊；花架；点缀假山。

附种： 三叶木通（小叶3枚）、白木通。

（9）南蛇藤（卫矛科/南蛇藤属）

形态特征： 树皮灰褐色。单叶互生，叶倒卵形，叶缘有细齿，11月开始落叶。花黄绿色，花期5月。蒴果球形，橙黄色，果期9—10月，果黄褐色。

生态习性： 耐旱，耐寒，喜光。

植物搭配： 点缀假山；枯树；廊架。

（10）铁线莲（毛茛科/铁线莲属）

形态特征： 木质藤本，长1～2m。茎棕色或紫红色，具6条纵纹，节部膨大，二回三出复叶，花单生或呈圆锥花序，花色有蓝色、紫色、粉红色、玫红色、紫红色、白色，花期6—9月。果期夏季。

生态习性： 耐寒，忌积水。

植物搭配： 点缀假山；花柱；篱笆；拱门；凉亭；地被。

（11）木香（蔷薇科/蔷薇属）

形态特征： 半常绿攀缘灌木。枝细长，小叶3～5枚，花3～15朵形成伞房花序，花色梗细长，花色有白色、黄色，花期4—5月，具芳香。

生态习性： 喜光，耐修剪，耐寒力不强。

植物搭配： 廊架；花格；假山。

（12）蔷薇（蔷薇科/蔷薇属）

形态特征： 植株丛生，蔓延或攀缘。小枝细长，不直立。奇数羽状复叶，小叶5～9枚，叶倒卵状长圆形，叶缘具尖锯齿。圆锥状伞房花序，花有单瓣、复瓣之分，花色有红色、粉红色、白色、黄色等，花期5—6月。

生态习性： 喜光，耐半阴，耐寒，耐旱，耐涝，耐修剪。

植物搭配： 花架；围墙；景墙；灯柱。

（四）竹类

竹类

竹类是景观植物中一种特殊的类型，竹类大部分属于常绿林，呈乔木或灌木状，少数为草本，后者称为竹草。

竹类的营养器官可分为地上和地下两部分。地上部分有竹秆、枝、叶等，竹类在幼苗阶段称为竹笋；地下部分则有地下茎、竹根、鞭根及竹的地下部分等。

竹类的地下茎是在地下横向生长的主茎，既是养分贮存和输送的主要器官，也具有分生繁殖的能力。地下茎俗称竹鞭，竹类的繁殖主要靠地下茎上的芽发笋成竹来实现。

同一属的竹类具有相同的地下茎类型，因此地下茎类型是竹类分类的重要依据之一。人们通常把地下茎分为3种类型，即丛生型、散生型、混生型。丛生型地下茎短，不能在地下进行长距离蔓延生长，靠顶芽抽笋，母子相依，代代相连，最终构成密集丛生的竹林。散生型地下茎横向生长，延伸至一定距离后，可于节上出笋而发育成竹，连年如此，可以较快地扩张成林。混生型地下茎兼有前二者的特点，既有横向生长的地下茎，又有成堆的较短的地下茎。

（1）孝顺竹（禾本科/簕竹属）

形态特征：丛生型，地下茎合轴丛生。竹秆密集生长，秆高2～7m，径1～3cm。秆绿色，老时变黄，梢稍弯曲。枝条多簇生于一节，叶片呈线状披针形，顶端渐尖，叶表面深绿色，叶背面粉白色。

生态习性：喜温暖湿润气候，喜光，稍耐阴，耐寒。

植物搭配：对植；丛植；绿篱；孝顺竹＋假山。

变种：凤尾竹（秆高1～2m，径不超过1cm）。

（2）佛肚竹（罗汉竹）（禾本科/簕竹属）

形态特征：丛生型。秆二型，正常秆圆筒形，畸形秆秆节甚密，节间比正常秆短，基部显著膨大呈瓶状。

生态习性：喜温暖湿润气候，不耐寒。

植物搭配：广东露地栽培，其他地区盆栽。

（3）毛竹（禾本科/刚竹属）

形态特征：散生型，高20余米，径16cm，中间节间可达40cm。枝叶呈二列状排列，每小枝有2～3叶，叶小，披针形，长4～11cm，宽0.5～1.2cm。笋期3月下旬至4月。

生态习性：喜温暖湿润气候，耐寒。

植物搭配：片植；林植。

（4）刚竹（禾本科/刚竹属）

形态特征：散生型，高10～15m，径4～10cm，中间节间长20～45cm。叶带状披针形，长6～16cm，宽1～2.2cm。笋期4月上旬至5月上旬。

生态习性：耐寒。

植物搭配：片植；刚竹—杜鹃—紫花苜蓿。

变种：斑竹、黄金间碧玉竹、碧玉间黄金竹。

（5）紫竹（禾本科/刚竹属）

形态特征：散生型，高3～6m，径2～4cm，新秆淡绿色，有白粉，一年后，秆渐变为紫黑色。每小枝有2～3叶，叶片披针形，长4～10cm，宽1～1.5cm。笋期4月下旬。

生态习性：耐寒，耐阴，不耐积水。

植物搭配：紫竹＋黄金间碧玉竹＋碧玉间黄金竹。

（6）方竹（禾本科/方竹属）

形态特征：散生型，秆高3～8m，径1～5cm。节间下部呈方形，上部呈圆形，基部各节常有刺状气生根。

生态习性：喜温暖湿润气候，喜光。

植物搭配：窗前；花坛；角隅；丛植；方竹＋假山。

（7）阔叶箬竹（禾本科/箬竹属）

形态特征：灌木状混生型。秆高1m，径5mm，节间长5～20cm，每节分1～3枝。小枝具叶1～3片，叶可用来包粽子。

生态习性：好生于水边、林缘、阴湿之地，不耐寒。

植物搭配：丛植；绿篱；地被；河边护岸；点缀假山。

（8）茶秆竹（禾本科/茶秆竹属）

形态特征：混生型。秆高6～15m，径3cm，节间长30～40cm。

生态习性：耐寒。

植物搭配：窗前；丛植；花园竹篱。

（9）菲白竹（禾本科/赤竹属）

形态特征：观赏地被竹，丛生型。叶片狭披针形，绿色底上有黄白色纵条纹，有明显的小横脉，叶柄极短。

生态习性：耐寒，忌烈日，宜半阴。

植物搭配：地被；绿篱；点缀假石；盆栽。

（10）唐竹（四季竹）（禾本科/唐竹属）

形态特征：混生型。秆高3m，径3.5cm。圆柱形，上部呈半圆形，细小有纵线，节间长30～50cm，每节3分枝，每小枝有3～9叶。叶披针形，长6～22cm，宽1～3.5cm。

生态习性：喜温暖湿润气候。

植物搭配：列植；群植；丛植。

二、花卉类

（一）一、二年生花卉

（1）大花马齿苋（太阳花）（马齿苋科/马齿苋属）

一、二年生花卉

高度：15～20cm。

花色：红、淡紫和黄。

花期：5—11月。

应用：花坛、花境边缘。

（2）金鱼草（玄参科/金鱼草属）

高度：20～70cm。

花色：紫红、红、粉、白、黄。

花期：5—7月，10月。

应用：花坛、花境。

（3）藿香蓟（菊科/藿香蓟属）

高度：30～60cm。

花色：紫红、红、粉、白、蓝紫。

花期：4—10月。

应用：花坛、花带、花镜，以及覆盖地面材料。

（4）鸡冠花（苋科/青葙属）

高度：15～30cm。

花色：紫红、红、黄、橙。

花期：8—10月。

应用：花坛、花境。

（5）百日菊（菊科/百日菊属）

高度：30～50cm。

花色：紫、黄、粉、白、红、蓝紫。

花期：6—10月。

应用：花境。

（6）千日红（苋科/千日红属）

高度：20～60cm。

花色：紫红、红、白、黄、紫。

花期：6—10月。

应用：花坛。

（7）石竹（石竹科/石竹属）

高度：30～50cm。

花色：粉、白、红。

花期：5—9月。

应用：花境、花坛。

（8）凤仙花（凤仙花科/凤仙花属）

高度：20～30cm、40～60cm。

花色：白、粉、红、紫、杂色、条纹、斑点。

花期：6—8月。

应用：花坛、花境、花丛、花带。

（9）矮牵牛（茄科/矮牵牛属）

高度：约20cm、30～40cm。

花色：白、粉、红、紫。

花期：春播4—6月，秋播8—10月。

应用：花坛、盆栽。

（10）美女樱（马鞭草科/马鞭草属）

高度：30～40cm。

花色：白、粉、红、蓝紫、紫红。

花期：5—10月。

应用：花坛、花境、树池边缘。

（11）高雪轮（石竹科/蝇子草属）

高度：约60cm。

花色：淡红、玫瑰、白。

花期：5—6月。

应用：花坛、花境、片植。

（12）雏菊（菊科/雏菊属）

高度：15～20cm。

花色：白、粉、紫。

花期：4—6月。

应用：花坛、盆栽。

（13）毛蕊花（玄参科/毛蕊花属）

高度：200cm。

花色：黄。

花期：5—6月。

应用：花境及背景材料。

（14）虞美人（罂粟科/罂粟属）

高度：50～80cm。

花色：深红、紫红、洋红、粉红、白。

花期：4—5月。

应用：花坛、花带、成片配植。

（15）金盏菊（菊科/金盏菊属）

高度：30～40cm。

花色：黄、橙。

花期：4—6月。

应用：花坛、花境。

（16）三色堇（堇菜科/堇菜属）

高度：10～25cm。

花色：紫、白、黄。

花期：4—5月。

应用：花坛、盆栽。

（17）紫罗兰（十字花科/紫罗兰属）

高度：30～50cm。

花色：紫。

花期：春播6—8月，秋播4—5月。

应用：花坛、花境、花带。

（18）彩叶草（唇形科/彩叶草属）

高度：30～50cm

叶色：黄、红、紫、橙、绿。

应用：花坛。

（19）地肤（藜科/地肤属）

高度：50cm。

叶色：嫩绿，秋季变红。

应用：花坛、花境、花丛、花群。

（20）矢车菊（菊科/矢车菊属）

高度：约30cm、60～90cm。

花色：蓝、红、紫、白。

花期：4—6月。

应用：花坛、花境、盆栽、地被。

（二）宿根花卉

（1）大花金鸡菊（菊科/金鸡菊属）

多年生宿根花卉

高度：10～80cm。

花色：金黄。

花期：7—10月。

应用：花坛中心、篱旁行植、片植。

（2）唐松草（毛茛科/唐松草属）

高度：60～70cm。

花色：乳白、紫。

花期：7月。

应用：花坛、花境，常片植、丛植、带植。

（3）桔梗（桔梗科/桔梗属）

高度：30～100cm。

花色：蓝、白。

花期：6—9月。

应用：花坛、花境、岩石园。

（4）黄花绿绒蒿（罂粟科/绿绒蒿属）

高度：80～100cm。

花色：黄。

花期：7—8月。

应用：岩石园、与花坛配植。

（5）火炬花（百合科/火把莲属）

高度：40～50cm。

花色：红、橙、黄。

花期：6—7月。

应用：花坛、片植、背景栽培。

（6）花叶如意（菊科/大吴风草属）

高度：30～60cm。

花色：黄。

花期：9—11月。

应用：庭园、花坛、岩石园。

（7）筋骨草（唇形科/筋骨草属）

高度：20～40cm。

花色：蓝、紫、白。

花期：3—7月。

应用：花境、花坛。

（8）蜀葵（锦葵科/蜀葵属）

高度：2m。

花色：紫红、红、粉、白。

花期：6—8月。

应用：用作背景材料，或成丛、成行栽植。

（9）紫茉莉（紫茉莉科/紫茉莉属）

高度：100cm。

花色：黄、白、红。

花期：6—9月。

应用：花坛、花境、林缘配植。

（10）鸢尾（鸢尾科/鸢尾属）

高度：30～40cm。

花色：蓝紫。

花期：4—5月。

应用：地被、花境。

（11）萱草（萱草科/萱草属）

高度：30cm、60～100cm。

花色：黄、橙。

花期：6—8月。

应用：地被、花境。

（12）红花酢浆草（酢浆草科/酢浆草属）

高度：15～25cm。

花色：红。

花期：4—11月。

应用：花坛、地被。

变种：紫叶酢浆草、白花酢浆草。

（13）四季秋海棠（秋海棠科/秋海棠属）

高度：20～25cm。

花色：红、粉红、白。

花期：5—10月。

应用：花坛、花境、吊盆、栽植槽、窗箱、室内布置。

（14）玉簪（百合科/玉簪属）

高度：30～50cm。

花色：白。

花期：6—9月。

应用：地被、花境。

（15）马蔺（鸢尾科/鸢尾属）

高度：30～50cm。

花色：蓝。

花期：5—6月。

应用：地被、花境。

（16）锦葵（锦葵科/锦葵属）

高度：60～100cm。

花色：紫红、白。

花期：6—10月。

应用：花境、林缘、背景栽植。

（17）芍药（毛茛科/芍药属）

高度：60～120cm。

花色：白、黄、粉、红、紫。

花期：5月。

应用：花坛、花境、专类园、草坪边缘、路缘。

（18）沿阶草（百合科/沿阶草属）

高度：10～30cm。

花色：淡紫、白。

花期：5—8月。

（三）球根花卉

球根花卉

（1）葱兰（石蒜科/葱兰属）

高度：约20cm。

花色：白。

花期：7—10月。

应用：花坛、花境、林下配植、树池边缘。

（2）石蒜（石蒜科/石蒜属）

高度：30～60cm。

花色：红、白、黄、粉。

花期：8—9月。

应用：地被。

（3）欧洲水仙（石蒜科/水仙属）

高度：30～40cm。

花色：黄、淡黄。

花期：3—4月。

应用：花境、林缘。

（4）郁金香（百合科/郁金香属）

高度：30～50cm。

花色：白、粉红、洋红、紫、褐、黄、橙。

花期：4—5月。

应用：花坛、花境、带状栽植。

应用：地被、花坛或花境镶边、林缘、点缀山石。

（19）麦冬（百合科/麦冬属）

高度：约100cm。

花色：浅紫、白。

花期：8—9月。

应用：地被、花坛或花境镶边、林缘。

（20）荷包牡丹（罂粟科/荷包牡丹属）

高度：30～60cm。

花色：粉红。

花期：4—6月。

应用：花境、花坛、地被、丛植。

（5）风信子（百合科/风信子属）

高度：15～25cm。

花色：紫红、红、粉、白、橙。

花期：2—3月。

应用：花坛、盆栽。

（6）蛇鞭菊（菊科/蛇鞭菊属）

高度：30～60cm。

花色：紫红、淡紫。

花期：7—9月。

应用：花境、花坛。

（7）花贝母（百合科/贝母属）

高度：约70cm。

花色：紫红、橙红、深褐。

花期：4—5月。

应用：地被、盆栽。

（8）大花美人蕉（美人蕉科/美人蕉属）

高度：1～1.5m。

花色：乳白、黄、橘红、粉红、大红、红紫。

花期：6—10月。

应用：花坛、花境，常片植、丛植或带植。

（9）大丽花（菊科/大丽花属）

高度：20～40cm、60～150cm

花色：红、粉、紫、白、黄、橙。

花期： 6—10月。

应用： 花坛、丛植、盆栽。

（10）大花葱（百合科/葱属）

高度： 50～60cm。

（四）水生花卉

水生花卉

（1）荷花（莲花）（睡莲科/睡莲属）

特征： 挺水植物。地下根状茎横卧泥中，称藕。叶盾状圆形，全缘或波浪状，叶脉辐射状。荷花根据栽培目的不同可分为3种类型，即以观花为目的的花莲、以产藕为目的的藕莲、以产莲子为目的的子莲。

影响世界的中国植物——荷花

花色： 红、粉、白、淡绿。

花期： 6—9月。

应用： 水面。

（2）睡莲（睡莲科/睡莲属）

特征： 浮水植物。叶丛生，具细长柄，浮于水面。叶圆形或卵圆形，呈深绿色，叶背紫红色，花午后开放。

花色： 白、紫、红、黄、粉红。

花期： 6—9月。

应用： 水面。

（3）香蒲（水烛）（香蒲科/香蒲属）

特征： 浮水植物。高1.3～2m。叶条形，长40～70cm，宽0.4～0.9cm。花茎直立，穗状花序呈蜡烛状。果期8—10月。

花色： 黄绿、褐。

花期： 6—7月。

应用： 池畔。

（4）黄菖蒲（黄花鸢尾）（鸢尾科/鸢尾属）

特征： 叶长剑形，长60～100cm，中肋明显，具横向网脉。

花色： 深黄、白。

花期： 5—6月。

花色： 红。

花期： 5—7月。

应用： 花境、林缘、花坛。

应用： 池畔。

（5）千屈菜（千屈菜科/千屈菜属）

特征： 挺水植物。株高1米左右，茎四棱形，直立多分枝，叶对生或轮生，披针形。较耐寒，南北方均可室外越冬。

花色： 紫红。

花期： 5—9月。

应用： 河岸、湿地、水溪浅水区。

（6）水葱（莎草科/藨草属）

特征： 挺水观叶植物。株高1～2m，茎秆高大通直，很像可食用的大葱。叶片线形。

花色： 棕色。

花期： 6—9月。

应用： 沟渠、池畔、湖畔浅水中。

（7）旱伞草（风车草）（莎草科/莎草属）

特征： 挺水观叶植物，主杆高0.5～1.5m，茎秆粗壮直立，近圆柱形，丛生。叶片呈螺旋状排列于茎秆的顶端，呈伞状。叶片披针形，叶长8～16mm。

花色： 淡紫。

花期： 夏秋。

应用： 溪边、假山、石隙。

（8）再力花（竹芋科/水竹芋属）

特征： 挺水植物。叶卵状披针形，浅灰蓝色，边缘紫色。复总状花序，花小。全株附有白粉。喜温暖水湿、阳光充足的环境，不耐寒，入冬后地上部分逐渐枯死，以根茎在泥中越冬。

花色： 紫。

花期： 6—10月。

应用： 庭园水景边缘种植、多株丛植、片植、孤植。

（9）梭鱼草（雨久花科/梭鱼草属）

特征： 挺水植物。叶柄绿色，圆筒形，叶片大，长10～20cm。花葶直立，高出叶面。

花色：紫。

花期：5—10月。

应用：盆栽、庭园水景边缘种植、多株丛植、片植、孤植。

（10）王莲（睡莲科/王莲属）

特征：浮水植物。叶圆形，直径达

1～2.5m，叶表面绿色，叶背面紫红色。

花色：初开白色，翌日变为淡红色至深红色。

花期：夏秋每日下午至傍晚开放，次日闭合。

应用：水面。

三、草坪草类

（一）暖季型草坪草

（1）狗牙根（禾本科/狗牙根属）

生态习性：耐高温、耐旱、耐水湿、耐践踏、不耐寒、不耐阴。

应用：公园、游憩草坪、护坡草坪、运动场草坪、放牧草坪、高尔夫球场球道及障碍区草坪。

同属种：天堂草。

（2）结缕草（禾本科/结缕草属）

生态习性：耐高温、耐寒、耐干旱、耐践踏、耐瘠薄、不耐阴，长江流域绿色期为260天左右。

应用：结缕草与假俭草、天堂草混播，公园、庭园、运动场、固土护坡、水土保持草坪。

同属种：大穗结缕草、中华结缕草、沟叶结缕草、细叶结缕草。

（3）野牛草（禾本科/野牛草属）

生态习性：耐热、耐寒、耐旱、不耐湿、不耐阴。

应用：公园、庭园、居住区、护坡草坪。

（4）地毯草（禾本科/地毯草属）

生态习性：不耐寒、不耐旱、耐半阴、耐践踏。

应用：游憩草坪。

（5）马蹄金（旋花科/马蹄金属）

生态习性：耐热、耐干旱、不耐湿、长江流域绿色期为300天左右、耐践踏、修剪高度为2.5～4cm。

应用：观赏草坪、小型活动草坪、公园、居住区草坪。

（二）冷季型草坪草

（1）草地早熟禾（禾本科/早熟禾属）

生态习性：极耐寒、不耐旱、不耐炎热、较耐践踏、修剪高度为

暖季型草坪草

冷季型草坪草

2～4cm。

　　应用： 公园、庭园、居住区、高尔夫球场、足球场。

　　同属种： 普通早熟禾、加拿大早熟禾、一年生早熟禾、林地早熟禾。

　　（2）高羊茅（禾本科/羊茅属）

　　生态习性： 较耐寒、较耐热、耐旱、耐潮湿、耐半阴、耐践踏、不耐低剪，修剪高度为6～8cm。

　　应用： 赛马场、飞机场、足球场、高尔夫球场球道、庭园草坪。

　　同属种： 羊茅、紫羊茅。

　　（3）匍匐剪股颖（禾本科/剪股颖属）

　　生态习性： 耐低剪，可剪至0.5cm，较耐湿、耐寒、不耐践踏、不耐炎热。

　　应用： 高尔夫球场、观赏草坪。

　　（4）多年生黑麦草（禾本科/黑麦草属）

　　生态习性： 不耐炎热、不耐干旱、不耐阴、耐践踏、较耐湿、耐寒。

　　应用： 狗牙根、百慕大等暖季型草坪的秋冬复播，多年生黑麦草与早熟禾混播，多年生黑麦草与高羊茅混播。

　　（5）白三叶（豆科/三叶草属）。

　　生态习性： 耐寒、不耐干旱、稍耐湿、耐半阴。

　　应用： 白三叶与黑麦草、野牛草混播，观赏草坪，公园、庭园、居住区的各类绿地。

四、观赏草类

　　观赏草是一类形态美丽、色彩丰富的草本观赏植物的统称，它自然优雅、潇洒飘逸，极富自然野趣，加上其对生长环境有极强的适应性，易于种植，近年来逐渐受到人们的喜爱。观赏草株形丰满圆整，细长的叶片随风飞舞，姿态飘逸。观赏草虽然是草，但可与花媲美。有些观赏草有庞大华丽的花序，如蒲苇、芒草等；还有些观赏草有丰富的叶色，如紫叶狼尾草、玉带草等。

观赏草

（一）常绿观赏草

　　（1）矮蒲苇（禾本科/蒲苇属）

　　形态特征： 多年生草本，常绿，茎紧密丛生。株高抽穗前约1.2m，抽穗后能达2m。叶缘具有细齿，较为锋利。圆锥花序银白色，呈羽毛状。花序高出植株50～100cm。花期8—10月，挂穗可至翌年3月。

　　生态习性： 喜光，喜温暖，耐寒，耐干旱，也耐水湿，对土壤要求不严。

　　应用： 孤植；花境背景；花境中景骨架；搭配山石；水边；庭院围篱、障景。

　　（2）墨西哥羽毛草（细茎针茅）（禾本科/针茅属）

　　形态特征： 多年生草本，常绿，植株密集丛生，茎秆细弱柔软。叶片细长如丝，株高

30～50cm。花期4—6月，羽毛状花序，银白色，柔软下垂。

生态习性：喜光，耐半阴，耐旱，喜欢较冷的气候，夏季高温时休眠。

应用：片植；花坛镶边；花境镶边；墨西哥羽毛草＋假山。

（3）金叶苔草（莎草科/苔草属）

形态特征：多年生草本，常绿，株高20cm，叶细条形，两边为绿色，中央有黄色纵条纹，叶色优美。穗状花序，花期4—5月。

生态习性：喜温暖湿润和阳光充足的环境，耐半阴，耐寒，耐旱、耐瘠薄，怕积水，对土壤要求不高。

应用：盆栽；花坛镶边；花境镶边；小径镶边；片植。

（二）落叶观赏草

（1）花叶芒（禾本科/芒属）

形态特征：多年生草本，丛生，暖季型，冬休眠。株高1.2～1.8m，冠幅1～1.5m。叶片呈拱形向地面弯曲，尖端呈喷泉状，叶片长60～90cm。叶片浅绿色，有奶白色条纹，位于叶片边缘，条纹与叶片等长。圆锥花序，花序深粉色，花序高出植株30～50cm。花期9—10月，挂穗可至翌年1月。

生态习性：喜光，耐半阴、耐寒、耐旱、耐涝，适应性强。

应用：孤植；片植；盆栽；花叶芒＋萱草；花坛；花境；岩石园；假山、湖边的背景植物。

（2）细叶芒（禾本科/芒属）

形态特征：多年生草本，丛生，暖季型，冬休眠。株高1.5～1.8m。叶直立，纤细，顶端呈弓形。顶生圆锥花序，花色由最初的粉红色渐变为红色，秋季转为银白色。花序高出植株20～60cm。花期9—10月，挂穗可至翌年1月。

生态习性：喜光、耐半阴、耐寒、耐旱、耐涝，适应性强。

应用：孤植；片植；盆栽；细叶芒＋萱草；花坛；花境；岩石园；假山、湖边的背景植物；庭院围篱；障景。

（3）斑叶芒（虎尾芒）（禾本科/芒属）

形态特征：多年生草本，丛生，暖季型，冬休眠。株高1.5～1.8m，叶片长20～40cm，宽6～10cm，下面疏生柔毛并被白粉，具黄白色环状斑。顶生圆锥花序，花色由最初的粉红色渐变为红色，秋季转为银白色，花期9—10月，挂穗可至翌年1月。

生态习性：喜光、耐半阴、耐寒、耐旱、耐涝，适应性强。

应用：庭院围篱；草坪、河边、路边孤植；障景。

（4）狼尾草（禾本科/狼尾草属）

形态特征：多年生草本，密集丛生，暖季型，冬休眠。因花序似狼尾而得名。花序比叶片顶端高，外展下垂，呈喷泉状。花期5—10月。

生态习性：喜光、耐半阴、耐寒、耐旱、耐涝，适应性强。

应用：庭院围篱；草坪、河边、路边孤植；障景。

栽培品种：白美人狼尾草、大布妮狼尾草、小布妮狼尾草、小兔子狼尾草、羽绒狼尾草、紫叶狼尾草、白穗狼尾草、粉穗狼尾草、紫穗狼尾草、火焰狼尾草、细叶狼尾草。

（5）粉黛乱子草（禾本科/乱子草属）

形态特征： 多年生草本，暖季型，株高可达30～90cm，宽可达60～90cm。花期9—11月，花穗呈云雾状。开花时，绿叶为底，粉紫色花穗如发丝从基部长出，远看如红色云雾。

生态习性： 喜光照，耐半阴，耐水湿、耐干旱、耐盐碱，在沙土、壤土、黏土中均可生长。

应用： 片植；花坛、花境点缀；花海。

（6）玉带草（丝带草、银边草）（禾本科/芦竹属）

形态特征： 多年生草本，暖季型。株高可达1～3m，地上茎挺直，有间节，似竹。叶片呈条形，宽1～3.5cm，边缘呈浅黄色或有白色条纹，互生，排成两列，弯垂。圆锥花序长10～40cm，形似毛帚。

生态习性： 喜光，喜温暖湿润气候、湿润肥沃土壤，耐盐碱。

应用： 结合水景做背景植物；盆栽；路边、池旁或假山点缀。

技能实训

任务1　校园景观植物调研与辨识

一、任务书

对校园景观植物进行现场调研与辨识，撰写调研报告。调研报告格式如下。

某学校校园景观植物调研报告

（一）导言

1. 调研目的：
2. 调研时间：
3. 调研地点：
4. 调研方法：
5. 考察内容：

（二）基本情况介绍

（三）植物调研表（见表2.2）

表2.2　某学校校园景观植物调研表（不少于40种）

序号	植物名称	科	属	形态特征（生长类型、叶、花、果）	生态习性	应用	调研点
1							
2							
3							
……							

学生任务分配表

江苏某高校校园
景观植物调研报告

学生互评表

（四）调研总结

二、任务分组

三、任务准备

① 结合学生的特点和优势（语言表达能力、植物辨识能力、信息素养）对学生进行分组，每组4～5人。

② 阅读任务书，复习景观植物的形态特征、生态习性、植物搭配和应用等相关知识。

四、成果展示

五、评价反馈

学生进行自评，评价自己是否完成校园景观植物信息的提取，有无遗漏。教师对学生的评价内容包括：书写是否规范，书写内容是否出自实训、是否真实合理，阐述是否详细，认识和体会是否深刻，调研内容是否完整，是否达到了实训的目的。

① 学生进行自我评价，并将自评结果填入表2.3所示的学生自评表中。

表2.3 学生自评表

班级：	组名：		姓名：
学习模块	景观植物		
任务1	校园景观植物调研与辨识		
评价项目	评价标准	分值	得分
书写	规范、整洁、清楚	10	
导言	按照报告格式要求中的导言要求撰写	10	
基本情况	掌握调研点的占地面积、植物种类、植物长势、植物空间	10	
调研情况	掌握植物的科、属、形态特征（生长类型、常绿/落叶、叶色、叶形、花色、花期、果色、果期）、生态习性（温度、水分、光照、土壤）	20	
调研总结	掌握调研点的植物搭配，总结优缺点	10	
工作态度	态度端正，无无故缺勤、迟到、早退现象	10	
工作质量	能按计划完成工作任务	10	
协调能力	与小组成员、同学能合作交流，协调工作	5	
职业素养	能做到实事求是、不抄袭	10	
创新意识	能够对校园景观植物调研表进行创新设计	5	
合计		100	

② 学生以小组为单位，对任务1的完成过程与结果进行互评，将互评结果填入学生互评表中。

③ 教师对学生在工作过程中的表现与工作结果进行评价，并将评价结果填入表2.4所示的教师评价表中。将学生自评表、学生互评表、教师评价

表的成绩进行汇总填入表2.5所示的三方综合评价表中，形成最终成绩。

表2.4　教师评价表

班级：　　　　　　　　　　组名：　　　　　　　　　　姓名：

学习模块		景观植物		
任务1		校园景观植物调研与辨识		
评价项目		评价标准	分值	得分
工作过程（60%）	书写	规范、整洁、清楚	5	
	导言	按照报告格式要求中的导言要求撰写	5	
	基本情况	掌握调研点的占地面积、植物种类、植物长势、植物空间	5	
	调研情况	掌握植物的科、属、形态特征（生长类型、常绿/落叶、叶色、叶形、花色、花期、果色、果期）、生态习性（温度、水分、光照、土壤）	15	
	调研总结	掌握调研点的植物搭配，总结优缺点	10	
	工作态度	态度端正，无无故缺勤、迟到、早退现象	5	
	协调能力	与小组成员、同学能合作交流，协调工作	5	
	职业素养	能做到实事求是、不抄袭	10	
工作结果（40%）	工作质量	能按计划完成工作任务	10	
	调研报告	能按照任务要求撰写调研报告	10	
	成果展示	能准确表述，汇报工作成果	20	
合计			100	

表2.5　三方综合评价表

班级：　　　　　　　　　　组名：　　　　　　　　　　姓名：

学习模块		景观植物		
任务1		校园景观植物调研与辨识		
综合评价	学生自评（20%）	小组互评（30%）	教师评价（50%）	综合得分

任务2　公园景观植物调研与辨识

一、任务书

对公园景观植物进行现场调研与辨识，撰写调研报告。调研报告格式如下。

某公园景观植物调研报告

（一）导言

1. 调研时间：

2. 调研地点：

3. 调研方法：

4. 考察内容：

5. 调研目的：

（二）基本情况介绍

（三）植物调研表（见表2.6）

表2.6　某公园景观植物调研表（不少于60种）

序号	植物名称	科	属	形态特征 （生长类型、叶、花、果）	生态习性	应用	调研点
1							
2							
3							
……							

（四）调研总结

二、任务分组

三、任务准备

① 结合学生的特点和优势（语言表达能力、植物辨识能力、信息素养）对学生进行分组，每组4～5人。

② 阅读任务书，复习景观植物的形态特征、生态习性、植物搭配和应用等相关知识。

学生任务分配表

四、成果展示

五、评价反馈

学生进行自评，评价自己是否完成公园景观植物信息的提取，有无遗漏。教师对学生的评价内容包括：书写是否规范，书写内容是否出自实训、是否真实合理，阐述是否详细，认识和体会是否深刻，调研内容是否完整，是否达到了实训的目的。

南京玄武湖公园
景观植物调研报告

① 学生进行自我评价，并将自评结果填入表2.7学生自评表中。

表2.7　学生自评表

班级：　　　　　　组名：　　　　　　　　　姓名：

学习模块	景观植物		
任务2	公园景观植物调研与辨识		
评价项目	评价标准	分值	得分
书写	规范、整洁、清楚	10	
导言	按照报告格式要求中的导言要求撰写	10	
基本情况	掌握公园的占地面积、植物种类、植物长势、植物空间	10	
调研情况	掌握植物的科、属、形态特征（生长类型、常绿/落叶、叶色、叶形、花色、花期、果色、果期）、生态习性（温度、水分、光照、土壤）	20	

续表

评价项目	评价标准	分值	得分
调研总结	掌握调研点的植物搭配，总结优缺点	10	
工作态度	态度端正，无无故缺勤、迟到、早退现象	10	
工作质量	能按计划完成工作任务	10	
协调能力	与小组成员、同学能合作交流，协调工作	5	
职业素养	能做到实事求是、不抄袭	10	
创新意识	能够对公园景观植物调研表进行创新设计	5	
合计		100	

② 学生以小组为单位，对任务2的完成过程与结果进行互评，将互评结果填入学生互评表中。

③ 教师对学生在工作过程中的表现与工作结果进行评价，并将评价结果填入表2.8所示的教师评价表中。将学生自评表、学生互评表、教师评价表的成绩进行汇总填入表2.9所示的三方综合评价表中，形成最终成绩。

学生互评表

表2.8　教师评价表

班级：　　　　　　　　　　组名：　　　　　　　　　　姓名：

学习模块		景观植物		
任务2		公园景观植物调研与辨识		
评价项目		评价标准	分值	得分
工作过程（60%）	书写	规范、整洁、清楚	5	
	导言	按照报告格式要求中的导言要求撰写	5	
	基本情况	掌握公园的占地面积、植物种类、植物长势、植物空间	5	
	调研情况	掌握植物的科、属、形态特征（生长类型、常绿/落叶、叶色、叶形、花色、花期、果色、果期）、生态习性（温度、水分、光照、土壤）	15	
	调研总结	掌握调研点的植物搭配，总结优缺点	10	
	工作态度	态度端正，无无故缺勤、迟到、早退现象	5	
	协调能力	与小组成员、同学能合作交流，协调工作	5	
	职业素养	能做到实事求是、不抄袭	10	
工作结果（40%）	工作质量	能按计划完成工作任务	10	
	调研报告	能按照任务要求撰写调研报告	10	
	成果展示	能准确表述、汇报工作成果	20	
合计			100	

表2.9　三方综合评价表

班级：　　　　　　　　　　组名：　　　　　　　　　　姓名：

学习模块	景观植物			
任务2	公园景观植物调研与辨识			
综合评价	学生自评（20%）	小组互评（30%）	教师评价（50%）	综合得分

模块小结

重点：植物的名称、生长类型、观赏特性（形态、叶色、花期、花色、果期等）和生态习性。

难点：常用景观植物的品种，区分相似植物。

综合实训

植物园调研

（1）实训目的

通过植物园调研，达到以下目的。

① 掌握植物园的基本信息、特色和发展趋势。

② 掌握植物的形态特征、生态习性、应用。

③ 掌握植物园的分区规划。

（2）实训内容

对所在地的植物园进行线上、线下调研，撰写调研报告。

（3）调研报告撰写要求

调研报告要求语言流畅、言简意赅、图文结合，能准确说明植物园的植物规划。调研报告的主要内容应包括：基本概况，如地理位置、占地面积、历史变革、功能等；植物分区规划，如不同分区的植物布局、植物种类；总结，如植物园的特色、创新之处等。

（4）实训成果

① 某植物园调研报告（PDF文档）。

② 调研成果汇报PPT。

知识巩固

班级：_____   姓名：_____   成绩：_____

一、填空题（每空5分，共20分）

1. 梅花是我国十大名花之一，其品种主要分为果梅和（   ）。

2. 世界五大公园树种——（   ）、（   ）、金松、南洋杉、巨杉。

3. 麦冬是（   ）科植物。

二、单选题（每题5分，共30分）

1. （   ）叶形似马褂儿。

　　A. 山茶　　　　B. 鹅掌楸　　　　C. 棕榈　　　　D. 旱柳

2. （   ）属于一、二年生花卉。

　　A. 鸡冠花　　　B. 孝顺竹　　　　C. 郁金香　　　D. 欧洲水仙

3．以下属于暖季型草坪草的是（　　　）。

    A．高羊茅　　　　　B．狗牙根　　　　　C．早熟禾　　　　　D．红花酢浆草

4．以下属于冷季型草坪草的是（　　　）。

    A．结缕草　　　　　B．地毯草　　　　　C．匍匐剪股颖　　　D．红花酢浆草

5．以下属于观花植物的是（　　　）。

    A．樱花　　　　　　B．雪松　　　　　　C．鸡爪槭　　　　　D．香樟

6．以下不属于十大名花的是（　　　）。

    A．杜鹃　　　　　　B．水仙　　　　　　C．荷花　　　　　　D．紫薇

三、简答题（每题10分，共50分）

1．如何区分金桂、银桂、丹桂、四季桂？

2．写出常见的樱花品种（不少于5种）。

3．分别写出春、夏、秋、冬的开花植物（各5种）。

4．分别写出开红色、黄色、粉色、白色花的植物（各5种）。

5．写出冷季型草坪与暖季型草坪的区别。

> **知识拓展**

1．"梅花院士"陈俊愉

（1）人物简介

陈俊愉（1917—2012年），中国园林植物与观赏园艺学科的开创者和带头人，中国工程院院士。

（2）代表作品

《中国梅花品种图志》《菊花起源》《中国花经》。

（3）主要成就

他在花卉种植资源及其多样性保护和利用、花卉抗性育种、花卉二元分类法、梅和菊等名花起源与城市园林树种调查规划，以及棕榈和金花茶育种等方面颇有研究。他先后培育出12个梅花新品种、50余个地被菊新品种、12个金花茶新品种等，为丰富景观植物的种类做出了巨大贡献。

2. 梅花品种群

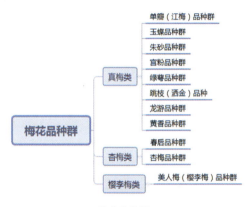

梅花品种群

美人梅

3. 中国十大名花

花中之魁——梅花　　　　花中之王——牡丹

凌霜绽妍——菊花　　　　君子之花——兰花

花中皇后——月季　　　　繁花似锦——杜鹃

花中娇客——茶花　　　　水中芙蓉——荷花

十里飘香——桂花　　　　凌波仙子——水仙

4. 室内观赏植物

随着人们物质生活水平的不断提高，用植物装饰室内环境，营造高品质的室内环境已成为一种新的生活风向。

适当运用观赏植物来装饰室内环境，可使其处处充满绿意花香，从而营造惬意舒适的氛围。

室内观赏植物主要分为室内观花植物和室内观叶植物。

（1）室内观花植物（见表2.10）

室内观赏植物

表2.10　室内观花植物

植物	科	属	花期	花色	花语
春兰	兰	兰	2—4月	浅黄绿、绿白、黄白、	友谊
君子兰	石蒜	君子兰	2—4月	橘黄	谦谦君子，温和有礼
大花蕙兰	兰	兰	12月—翌年3月	白、黄、绿、紫红	高贵雍容
蝴蝶兰	兰	蝴蝶兰	4—6月	玫红、白	鸿运当头、幸福美满
文心兰	兰	文心兰	10月	黄、棕、白、红	隐藏的爱
仙客来	报春花	仙客来	12月—翌年4月	白、粉、玫红、大红、紫红	喜迎贵客

植物	科	属	花期	花色	花语
马蹄莲	天南星	马蹄莲	6—8月	白、红、粉、黄	忠贞不渝，永结同心
茉莉花	木犀	素馨	6—10月	白	忠贞、清纯、迷人

（2）室内观叶植物（见表2.11）

表2.11　室内观叶植物

植物	科	属	主要特征
肾蕨	骨碎补	肾蕨	株形直立，丛生，复叶深裂
鸟巢蕨	铁角蕨	巢蕨	株形呈漏斗状或鸟巢状，叶簇生，呈辐射状排列于根状茎顶部
孔雀竹芋	竹芋	肖竹芋	叶上有深浅不同的绿色斑纹，叶背多呈褐红色
花叶万年青	天南星	花叶万年青	叶两面均呈绿色，叶上有密集且不规则的白色或淡黄色斑点与斑块
龟背竹	天南星	龟背竹	在叶脉间呈龟甲形散布有长圆形的孔洞和深裂
文竹	百合	天门冬	枝干有节似竹，叶片轻柔，纤细，呈羽毛状
鹅掌柴	五加	鹅掌柴	掌状复叶，小叶5～9枚
网纹草	爵床	网纹草	叶面密布红色或白色网脉
绿萝	天南星	绿萝	常绿藤本，绿色的叶片上有黄色的斑块
印度橡皮树	桑	榕	叶互生，厚革质，椭圆形，全缘，亮绿色；幼芽红色
冷水花	荨麻	冷水花	叶面上有对称的白色花纹
变叶木	大戟	变叶木	叶片上常有白色、紫色、黄色或红色的斑块和纹路
马拉巴栗	木棉	瓜栗	掌状复叶，小叶5～7枚，枝条多轮生；俗称"发财树"
富贵竹	龙舌兰	龙舌兰	叶长披针形，浓绿色；品种有绿叶富贵竹、银边富贵竹、金边富贵竹、银心富贵竹
一叶兰	百合	蜘蛛抱蛋	叶自根部抽出，直立向上生长，并具长叶柄，叶绿色
一品红	大戟	大戟	最顶层的叶为红色或白色
红掌	天南星	花烛	花蕊长，周围长着红色、粉色或白色的苞片
薄荷	唇形	薄荷	叶对生，叶缘有锯齿，侧脉5～6对
春羽	天南星	林芋	叶片巨大，呈粗大的羽状深裂
吊兰	百合	吊兰	叶簇生，似花朵，枝条细长下垂，夏季开小白花，花蕊黄色
彩叶凤梨	凤梨	凤梨	叶丛呈漏斗状。花茎从叶丛中心抽出，苞片鲜红色或橙红色
吊竹梅	鸭跖草	吊竹梅	叶面紫绿色而杂以银白色，叶缘有紫色条纹，叶背紫红色
散尾葵	棕榈	散尾葵	单叶，羽状全裂，长40～150cm，叶柄稍弯曲，先端柔软
虎尾兰	龙舌兰	虎尾兰	叶片直立，叶面有灰白色和深绿色相间的虎尾状横带斑纹

学习反思

_____

_____

_____

学习模块三　各类景观植物的种植设计

学习导读

　　景观植物种类丰富，形态、色彩各异。在景观中运用最多的主要是乔灌木、花卉、地被与草坪、藤本植物。本学习模块共8学时：知识储备和技能实训各4学时。知识储备部分主要讲解乔灌木的种植设计、花卉的种植设计、地被与草坪的种植设计、藤本植物的种植设计。技能实训部分设置了两个学习任务：调研植物种植形式、绘制植物种植形式平面图。学生应重点掌握孤植、对植、列植、丛植、群植、林植、篱植、花坛花卉类型及设计、花境花卉类型及设计、地被植物类型及植物设计等内容。

学习目标

※ 素质目标

1. 了解党史，激发爱国热情。
2. 了解我国相关领域发展，坚定初心使命。
3. 树立生态优先、绿色发展的理念。
4. 培养乐于思考的习惯。

※ 知识目标

1. 描述乔灌木的种植设计。
2. 列举花坛、花境的常用花卉。
3. 列举地被植物的常用种类。
4. 说明草坪的不同分类。
5. 描述藤本植物的种植设计。

※ 能力目标

1. 正确选择适合不同种植形式的植物类型。
2. 检索与阅读植物设计资料。
3. 识读与分析植物设计图纸。
4. 进行各类植物的种植设计。
5. 编制植物设计说明。

思维导图

学习模块三 各类景观植物的种植设计

- 知识储备
  - 一、乔灌木的种植设计
    - （一）孤植
    - （二）对植
    - （三）列植
    - （四）丛植
    - （五）群植
    - （六）林植
    - （七）篱植
  - 二、花卉的种植设计
    - （一）花坛
    - （二）花境
    - （三）花卉的其他运用形式
  - 三、地被与草坪的种植设计
    - （一）地被的种植设计
    - （二）草坪的种植设计
  - 四、藤本植物的种植设计
    - （一）廊架式
    - （二）篱垣式
    - （三）墙面式
    - （四）立柱式
    - （五）匍地式
- 技能实训
  - 任务1 调研植物种植形式
  - 任务2 绘制植物种植形式平面图
- 知识拓展
  - 1. 花海
  - 2. 植物墙
  - 3. 植物色彩设计

一、乔灌木的种植设计

乔灌木的种植设计

乔灌木在景观中的应用形式多、数量大，常见的种植形式有孤植、对植、列植、丛植、群植、林植、篱植等。

（一）孤植

孤植是单独栽植一株树木，或栽植几株同种树木使其紧密地生长在一起，从而达到单株效果的种植形式。孤植树的主要功能是形成主景、遮阴，有时也作为背景或配景出现。

孤植应注意以下两点。①为了保证树冠、根系有足够的生长空间，也为了给游人提供比较合适的观赏点、观赏视距及活动空间，孤植树一般种植在相对开阔的环境中，例如空旷的草地、园路的拐角、宽阔的湖池岸边等，这些地方以水面、草地、铺装等低矮、简洁的背景衬托孤植树在形体、姿态、色彩等方面的特色，从而取得更好的效果。②孤植树虽能独立成景，但并非与环境毫无联系。孤植树在体量、姿态、色彩、质感、方向等各方面都应与周围景物的形式与功能建立联系。

草地上的孤植香樟

园路拐角的孤植红枫

与环境相协调的孤植丛生紫薇

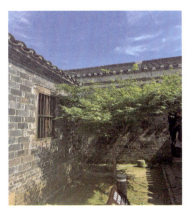

墙角的孤植鸡爪槭

　　孤植主要体现树木个体的特色，如优美的姿态、丰富的色彩或其他独特的价值。所以一般选择挺拔雄伟、冠大荫浓、枝叶茂盛的树种，如雪松、香樟、悬铃木、七叶树、重阳木、榕树、榔榆等；或者选择色彩丰富、花果繁茂、芳香浓郁的树种，如银杏、金钱松、榉树、无患子、乌桕、广玉兰、桂花、合欢等；还可选择古树名木、具有特殊意义的植物进行孤植。

邓小平手植树

（二）对植

　　对植是按一定的轴线关系，对称或均衡地种植两株树木或视觉上具有两株效果的两组树木的种植形式。对植树的主要功能是做配景、夹景以烘托主景，或加强透视效果，增强景观的层次感。

南湖革命纪念馆入口两侧的对植雪松

中山陵博爱牌坊处的对植盆栽棕竹

对植有对称式和非对称式两种形式。①对称式对植又称静态均衡式对植，是指将同一品种、同一规格与数量的树木在主体景物轴线两侧做对称布置。因为树木品种相同、规格与数量一致，且沿轴线对称，所以这种对植形式能让人产生庄重、规整、严谨的审美感受，使用时要注意使树木与所处环境相协调。对称式对植可用于纪念性建筑、小品，规则式绿地、景点入口处等，如中山陵博爱牌坊处的对植盆栽棕竹。②非对称式对植又称动态均衡式对植，是指在主体景物轴线两侧种植品种相同、规格与数量不同的树木，有时甚至可种植品种也不完全相同的树木。这种对植形式下的树木虽然品种、规格、数量并不完全一致，但通过合理构图、艺术化处理也能达到均衡效果，并让人产生活泼、自由、灵动的审美感受，因而这种对植形式应用十分广泛。

对植树的选择一般要求姿态美观、花叶娇美。对称式对植多选择冠形比较整齐的树种，如雪松，也可选择便于修剪的树种，如桧柏等。非对称式对植对树种的要求相对比较宽松，关键在于合理搭配与应用。对称式对植平面图与非对称式对植平面图及立面图如下。

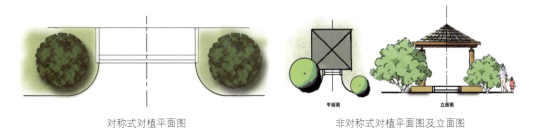

对称式对植平面图　　　　　　　　　　　　非对称式对植平面图及立面图

（三）列植

列植是指将乔木或灌木按一定的间距，成列（行）地种植，以形成树列（行）。树列（行）整齐、有韵律、有气势，常起到引导视线、遮阴、提供背景或树屏、烘托气氛等作用，多用于道路沿线、滨河沿岸、建筑物旁、围墙边缘、居住区绿地、广场、工矿企业附属绿地等环境。

上海辰山植物园中路旁的樱花树列

树列（行）有多种形式。①按间距，树列（行）可分为等距树列（行）和不等距树列（行），前者如规则的行道树般种植，后者则相对自然。无论是等距树列（行）还是不等距树列（行），都要注意根据树木的种类及其所需要的郁闭度来确定间距。一般来讲，大乔木的间距为5～8m，中小乔木的间距为3～5m；大灌木的间距为2～3m，小灌木的间距为1～2m。②按树种，树列（行）又可分为单纯树列（行）和混合树列（行）。单纯树列（行）仅用一种树木进行排列种植，具有较强的统一感、方向性，种群特征鲜明；混合树列（行）运用两种及以上树木进行相间排列种植，韵律感强、景观效果丰富。值得注意的是，较短的树列（行）宜使用单纯树列（行），若选择两种树木，则宜乔灌搭配、一高一低；混合树列（行）的树种也不宜过多，一般不超过3种，过多容易导致景观杂乱、缺乏统一感，从而破坏其艺术表现力。

在树种选择方面，一般选择树冠较整齐、个体差异小且耐修剪的树种。如果是行道树列这种特殊的树列，则要求选择冠大荫浓、生长健壮、适应性强、不易倒伏且无污染的树种。常见的行道树树种有广玉兰、国槐、雪松、香樟、悬铃木、黄山栾树、榉树、椰榆、水杉、金钱松、鹅掌楸、七叶树、大王椰子、假槟榔、凤凰木、银杏、白玉兰等。

银杏列植

（四）丛植

丛植是一种将两株至十几株同种或不同种的乔木或灌木按照一定的规律进行组合种植的形式。丛植形成的树丛可做主景也可做配景。做主景时，四周要有开阔的空间，或栽植位置要高，以突出树丛，例如栽植于草坪、水边、湖心小岛等处形成视线焦点。做配景时，可与假山、雕塑、建筑及其他景观设施小品组合。有时，树丛还可做背景，例如以雪松、柳杉等深绿色常绿树丛为背景，前面配置桃花、杜鹃等观花树木，会产生很好的景观效果。例如，在周恩来纪念馆广场上的绿地中就丛植了海棠、碧桃，以突出广场中央的雕像。

周恩来纪念馆广场上的绿地中丛植海棠、碧桃

雪松丛植　　　　　　　　　　　　　　　　　紫叶李丛植

　　树丛是一个综合体，既能表现树木的个体美，更能表现整体美，在配置时应遵循多样统一法则。如果所选树木同种，则植株在体量、姿态、动势、色彩、栽植间距上要有所不同，即在统一的基础上寻求对比、差异。如果所选树木不同种，则尤其要注意所选树木的观赏特性与生态习性的合理搭配，使乔木与灌木、落叶与常绿、观叶与观花（果）、喜阳与耐阴的不同种树木达到平衡、协调、统一的效果。

　　丛植的基本形式如下。

1. 两株丛植

　　两株丛植可使用同种或者不同种但外观相似的两株树木。如桂花和女贞同科不同属，但外观有相似之处，故配置在一起就比较协调。

2. 三株丛植

　　三株丛植可使用同种或两种树木（若使用两种树木，也宜同为乔木或灌木，落叶树木或常绿树木；且最好是大中者为一种，小者为另一种并靠近大者），不宜三株树木各为一种。我们在具体配置时应注意三株树木的平面和立面构图，忌种植点在一条直线上，忌种植点可连线形成等边三角形。

三株丛植

3. 四株丛植

　　四株丛植可以是3+1式，或者是2+1+1式，一般不用2+2式。树木可以用同种也可以用两种，若树木外观极相似也可超过两种，但原则上不要混用乔木和灌木。若用同种树木，则最大一株和最小一株都不宜落单；若用不同种树木，且三株为一种，1株为另一种，则另一种不宜最大或最小，也不宜落单。

四株丛植

4. 五株丛植

　　五株丛植可以为3+2式或者4+1式，在树木选择和平面布局上与四株丛植类似。一般株数多的组合为主体，其他为陪体，五株丛植要做到主次分明，既有变化又保持统一。

五株丛植

5. 六株及以上丛植

　　六株及以上丛植即为上述4种基本丛植形式的组合。在树种的选择上，一般株数越少，树种也应越少，株数增多可稍微增加树种，但树木总体不宜超过 5 种，若外形十分相似，可增加树种。总体而言，效果要丰富但不能杂乱。

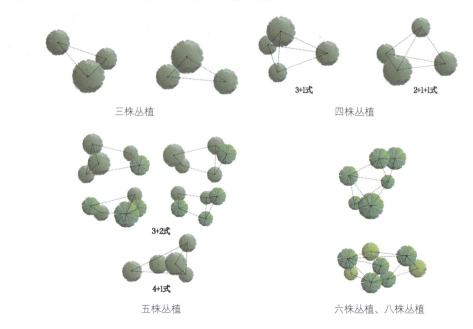

三株丛植　　　　　　　　　　　　3+1式　　　　四株丛植　　　　　2+1+1式

3+2式

4+1式

五株丛植　　　　　　　　　　　　　　　　六株丛植、八株丛植

（五）群植

　　群植是二三十株至上百株的乔木和灌木成群配置的种植形式。群植能形成面积较大的树群，体现较大规模的树群形象美（色彩美、形体美等）。树群可防止强风吹袭，供游人纳凉歇脚，还可遮挡绿地周围不美观的部分。雨花台烈士陵园群雕周围群植了柏树、雪松、云杉作为绿色植物背景，有力地突出了群雕雄伟高大的特点；群雕的东西两侧群植了栾树，秋天粉红的灯笼状果实挂满树枝，对纪念氛围起到了很好的渲染作用。

　　群植有两种形式：单一树种形成单纯树群，这种树群景观特色鲜明，整体感强，如南京梅花山的梅花树群；多个树种形成混交树群，这是群植的主要形式，具有层次丰富、景观多样、稳定持久的优点，如嘉兴南湖烟雨楼的混交树群。

南京梅花山的梅花树群

嘉兴南湖烟雨楼的混交树群

　　混交树群具有多层结构，通常包括 5 层，即大乔木层、中小乔木层、大中灌木层、小

灌木层以及地被层。混交树群各层的分布原则是：大乔木层位于树群中央，其四周是中小乔木层，大中灌木层和小灌木层位于树群最外缘，地被层位于树群底层。这种空间分布形成可满足各层对光照等条件的要求，同时可突显各层的观赏特性。植物在高度上可以考虑如下设计：第一层为$H7\sim8m$、$\Phi20cm$以上的大乔木，第二层为$H3\sim6m$的中小乔木，第三层为$H1\sim3m$的大中灌木、球形植物，第四层为$H1m$以下的地被、小灌木，第五层为$H0.2m$以下的草坪、草花、低矮地被。

混交树群的树种和地被选择须考虑到其生态习性及观赏特性，使得每种植物占据不同的生态位，各得其所又各有所赏：乔木层多用阳性树种，且树冠姿态优美，冠际线富于变化；中小乔木层多用稍耐阴的阳性树或中性树种，最好能花叶繁茂或具有艳丽的叶色；灌木层多用半阴性或阴性树种，以花灌木为主，适当点缀常绿灌木；地被层多为适合粗放管理的多年生花卉。若在寒冷地区，相对喜暖的树种应布置在树群南侧或东南侧。

混交树群的植物种类也不宜过多，总体不宜超过10种，以免杂乱。树群规模也不宜太大，其外缘投影轮廓线的长度最好不超过60m，长宽比最好不大于3∶1。北京陶然亭标本园内采用了混交树群的种植形式，其中，大乔木层为馒头柳、垂柳、河北杨、黑杨，中小乔木层为榆叶梅，灌木层为连翘，从而形成3层复层群落。

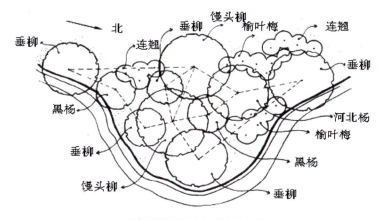

北京陶然亭标本园内的混交树群

（六）林植

凡成片、成块栽植乔木或灌木以构成林地和森林景观的形式都称为林植。林植多用于大面积公园的安静休息区、风景游览区、休疗养区以及生态防护林区等。例如映山红就多用林植的种植设计。

根据联合国粮农组织规定，郁闭度（林地树冠垂直投影面积与林地面积相比，以十分数表示，完全覆盖地面为0.70（含0.70）以上的郁闭林为密林，0.20～0.69为中度郁闭，小于等于0.10～0.20（不含0.20）以下为疏林。①密林，射入树林的阳光有限，所以土壤湿度较高，地被植物含水量高、组织柔软、不耐践踏，不便于游人活动。按树种类型，密林又可分为单纯密林和混交密林。前者简洁壮观，但层次单一、缺乏景观季相变化；后者景观丰富且有较强的抵御自然灾害和病虫害的能力。综合来看，混交密林比单纯密林更为适宜。②疏林，多为单纯乔木林，也可配植一些花灌木，疏林明朗舒适、适合游憩。在绿地中，疏林常与草地结合，又称疏林草地。疏林草地作为一种常见的绿化形式，因景色优美且适合开展野餐、摄影、看书等各种活动而广为游人所喜爱。疏林草地的树种应有较高的观赏价值，要求树冠开展、生长健壮、树姿优美；种植时要做到疏密有致、有断有续。林下草地要选择含水量低、耐践踏的草种以供游人活动。疏林草地一般不修建小路，但如果林下使用的是以观赏为主的花卉，则应布置小路。

密林：白桦林

疏林草地

（七）篱植

篱植在我国拥有悠久的应用历史。早在战国时期，《招魂》中就有"兰薄户树，琼木篱些"的诗句，意思是门前兰花成丛，四周围着树篱。17世纪，欧洲景观中出现了一些用常绿植物通过精心修剪，打造成的各种规则式绿篱或者各种几何造型的树篱，这种树篱后来逐渐成为西方景观的重要特征。现代景观中篱植的应用更是随处可见，主要集中在道路分车带、绿地边界等位置。

绿篱

打造别样绿篱景观

篱植是将灌木或小乔木以较近的行距进行单行或双行密植的形式，多为规则式种植形式，规则式绿篱需要经常修剪才能维持其规则的形状。篱植可用于界定范围、构筑空间、装饰镶边以及遮挡不利景观，或用作喷泉雕塑小品的背景。

绿篱按功能可分为隔音篱、防尘篱、装饰篱，按生态习性可分为常绿篱、半常绿篱、落叶篱，按是否修剪分为规则式绿篱、自然式绿篱。

绿篱按观赏价值可分为以下5类。①常绿篱由灌木或小乔木组成，常被修剪成规则式绿篱，是应用最多的绿篱形式之一。常绿篱常采用的树种有桧柏、侧柏、大叶黄杨、瓜子黄杨、雀舌黄杨、法国冬青、海桐、龟甲冬青、罗汉松、鹅掌柴、龙柏、圆柏等。②花篱由枝密花多的花灌木组成，通常任其自然生长为不规则的形式，至多修剪其徒长的枝条。花篱是景观绿地中比较精美的绿篱形式，多用于打造重点绿化地带。花篱常采用的树种有常绿芳香花灌木，如含笑、栀子花；常绿及半常绿花灌木，如六月雪、金丝桃、迎春、云南黄馨；落叶花灌木，如溲疏、锦带花、木槿、珍珠花、麻叶绣球、绣线菊。③果篱由果实色彩鲜艳的灌木组成，一般在秋季果实成熟时能形成别具一格的景观效果。果篱常采用的树种有枸骨、火棘、荚蒾、紫珠、忍冬、胡颓子、南天竹等。目前果篱在景观绿地中应用较少，一般用于打造重点绿化地带，在养护管理上通常不做大的修剪，最多剪除其徒长枝。如果修剪过度，反而会导致结果率降低，影响观赏效果。④彩叶篱由色叶灌木（一般是常绿彩叶灌木）组成，常采用的树种有金叶女贞、变叶木、金边黄杨、红叶石楠、红花檵木、南天竹、洒金千头柏、洒金桃叶珊瑚等。⑤如果绿篱植物的枝、叶或者花带有刺，这种绿篱就叫作刺篱，其常采用的树种有月季、黄刺玫、蔷薇、紫叶小檗、枸骨、玫瑰等。

绿篱按高度可分为4类。①绿墙，高度在1.8m以上，这个高度一般超过人的视高，故多用于阻挡视线、分割空间或用作背景。绿墙常采用的树种有法国冬青、夹竹桃、罗汉松、侧柏、圆柏等。②高绿篱，高度在1.2~1.6m，一般难以跨越，主要用作边界或建筑的基础种植。高绿篱常采用的树种有法国冬青、大叶女贞、桧柏、圆柏、龙柏、罗汉松等。③中绿篱，高度在0.5~1.2m，不易跨越，常用于场地范围划分、围合，绿地空间分割，以及绿化装饰。中绿篱是应用最广、栽植最多的一类绿篱，多为几何曲线栽植。中绿篱宜营建成花篱、果篱、观叶篱，常采用的树种有栀子花、含笑、木槿、扶桑、变叶木、金叶女贞、洒金桃叶珊瑚等。④矮绿篱，高度在0.5米以下。因为较矮，人们一般可轻易跨越，所以矮绿篱主要用于象征性的空间分割和绿化装饰，一般用于小庭园绿化、组成文字或者构成图案，人的视线可越过矮绿篱看到景观中的景物。矮绿篱可以根据不同需求设计为永久性的和临时性的。永久性的是指植物不可更新换代，临时性的就是指植物可更新换代。矮绿篱可以选用木本植物，也可以选用草本植物，灵活性较强。总的要求是植株低矮，花、叶、果具有观赏价值，香气浓郁、色彩鲜艳、可变性强。矮绿篱常采用的树种有月季、小叶黄杨、麦冬、六月雪、万年青、地肤、一串红、彩叶草、杜鹃等。

绿墙：法国冬青　　　　　　　　　　花篱：木槿

篱植宜用小枝萌芽力强、分枝密集、耐修剪、生长速度慢的植物，其中，花篱、果篱则一般选用叶小而密、花小而繁、果小而多的种类。

二、花卉的种植设计

花卉种类繁多，习性各异，按形态特征可分为草本花卉（一、二年生花卉、宿根花卉、球根花卉、水生花卉等）和木本花卉；按应用形式主要可分为花坛花卉、花境花卉、花丛花卉和容器种植花卉等。

花坛

花卉的种植设计

绘制花坛平面图

繁花似锦庆百年
——主题立体花坛
设计

（一）花坛

花坛是在种植床内（也可用盆栽花卉，以摆脱种植床的限制）对观赏花卉进行规则式种植的运用形式。花坛多用一、二年生花卉，也有部分宿根花卉、球根花卉及少量木本植物，通过对这些植物的合理配置，可形成图案和色彩兼美的景观。

按数量和形式，花坛可分为独立花坛和组群花坛。①独立花坛一般位于场地中心，是绿地局部的主景。其外轮廓多为几何图形，如圆形、椭圆形、方形、三角形、六边形等，平面形式多为中心对称或轴对称，独立花坛可多面观赏，但封闭不可进入。②组群花坛是由多个按一定的空间序列展开的花坛组成的，各个花坛可以形状、大小、内容均不同，但最终需形成统一的整体。

独立花坛的外轮廓形状

组群花坛的外轮廓形状

花坛根据景观特点不同可以分为盛花花坛、模纹花坛、造型花坛等。①盛花花坛又称花丛花坛，是以观花草本植物群体花朵盛开时的色彩美为表现主题的花坛。其所用植物材料要求花开繁茂、高矮统一、花期一致且较长，常用植物有一、二年生花卉，如一串红、福禄考、矮雪轮、矮牵牛、金盏菊、孔雀草、万寿菊、三色堇等；多年生花卉，如风信子、郁金香、鸢尾、四季秋海棠等。②模纹花坛又称毛毡花坛，是以不同色彩的观叶植物或花叶兼美的草本植物及常绿小灌木组成的精美图案纹样为表现主题的花坛。模纹花坛一般选用生长缓慢、植株低矮、枝叶细密、萌蘖性强、耐修剪的植物，常用的植物有红绿草、半枝莲、荷兰菊、彩叶草、三色堇等草本植物，以及瓜子黄杨、红叶小檗、金边过路黄等木本植物，模纹花坛中心还可点缀小品或形态优美的植物，如苏铁、棕榈、五针松等。③造型花坛是一种有生命的艺术，其通过将草本植物种植在立体构架上形成植物造型，是对技术和艺术的综合展示。2021年是中国共产党成立100周年，绿地中出现了很多表达建党百年主题的造型花坛。上海人民广场中央的"光辉伟业"造型花坛，为庆祝建党百年营造出庄重、喜庆的节日气氛。2020年，北京天安门广场中的花坛将造型花坛、盛花花坛相结合，以喜庆的花果篮为主景，花坛底部利用红色花卉构成10颗红心，寓意全国各族人民紧密团结在以习近平同志为核心的党中央周围，为实现中华民族伟大复兴的中国梦而努力奋斗。造型花坛常用的植物有五色草、四季秋海棠、半边莲、凤仙、洒金变叶木、小叶黄杨、雀舌黄杨、六月雪、黄金叶、吊竹梅、福建茶、九里香、花叶假连翘、红桑、鹅掌柴、小蜡、朱蕉、矾根、角堇、彩叶草等。

模纹花坛

上海人民广场中央的"光辉伟业"造型花坛

天安门广场中央的花坛

南京鼓楼"孔雀"造型花坛

（二）花境

花境代表花卉运用正由规则式向自然式过渡，其外轮廓较为规整，而内部植物则成丛成片，自由多变。花境多采用多年生花卉，也可结合一、二年生花卉和观叶植物，亦可点缀花灌木、山石、器物等。

手把手教你打造
绝美花境

花境的分类方法很多，如按观花时节可分为早春花境、春夏花境、秋冬花境；按所处位置可分为林缘花境、路缘花境、墙垣花境、草坪花境、滨水花境和庭院花境；按观赏角度可分为多面花境和单面花境。单面花境只能单面观赏，常以建筑物、矮墙、树丛、绿篱等为背景，前面为低矮的边缘植物，整体上前低后高，供一面观赏。多面花境可多面观赏，一般4~6m宽。花灌木多布置于花境中部，花灌木四周布置次高的花卉，外层布置稍矮的花卉，最外缘用矮生宿根、球根花卉或绿篱植物镶边。另外，按植物选材，花境还可分为以下3类。①宿根花卉花境，由可露地过冬的宿根花卉组成。②混合式花境，种植材料以耐寒的宿根花卉为主，配置少量的花灌木、球根花卉或一、二年生花卉，这种花境季相分明，色彩丰富，较为常见。③专类花卉花境，即以同属不同种或同种不同品种的植物为主要种植材料的花境，做专类花卉花境用的花卉要求花期、株形、花色等有较丰富的变化，从而体现花境的特点，如郁金香花境、八仙花花境、洋水仙花境等。

路缘花境

郁金香花境

构成花境的花卉缤纷多样，主要有以下6类。①群花繁茂类，这一类别品种繁多、色彩缤纷、形态各异，是构成花境前景和中景的主体材料。常见花卉有香雪球、萼距花、长春花、八仙花、黄帝菊、姬小菊、金光菊、美女樱、白晶菊等。②高茎类，是一些具有穗状花序，往往扮演着视觉焦点角色的高茎植物。常见花卉有醉蝶花、美人蕉、鼠尾草、鲁冰花、飞燕草、毛地黄、大花葱、金鱼草、落新妇蜀葵、蛇鞭菊、蜀葵等。③阔叶类，是叶子比较宽大的植物。常见植物有玉簪、一叶兰、变叶木、龟背竹、鸟巢蕨、鹅掌柴、彩叶草等。④低矮匍地类，在花境中常用来封边或弥补空缺。常见植物有佛甲草、香雪球、金叶石菖蒲、美丽月见草、紫叶酢浆草、矮牵牛等。⑤花灌木类，是以观花、观叶、赏果为主要目的的木本植物，这些木本植物在花境中经常充当点缀材料或者背景材料。常见植物有三色女贞、倒挂金钟、花叶锦带花、龟甲冬青等。⑥观赏草类，是给花境增添野趣的好材料。常见植物有狼尾草、矮蒲苇、粉黛乱子草、斑叶芒、花叶芒、血草等。

花境设计在空间中体现为前景、中景、背景3个层次。一般背景选用小乔木、花灌木等；中景选用种类丰富的宿根花卉，包括具有穗状花序的花卉；前景选用一、二年生花卉或者时令花卉。但若盲从这个原则，就会使花境一览无余，所以应适当地把一些高茎类植物前移，使花境的整体形象显得层次分明而错落有致。

花境设计效果图

花境植物的配置除了注意空间上的层次，还要注意时间的搭配，以尽量延长花境观赏期。所选的植物材料应在花、叶、色、形、香等各方面都有较高的价值，常用的花境植物有月季、杜鹃、珍珠梅、笑靥花、棣棠、连翘、飞燕草、波斯菊、金鸡菊、美人蕉、蜀葵、福禄考、美女樱、萱草、沿阶草、麦冬、鸢尾等。

| 花境设计常绿植物推荐 | 花境设计落叶植物推荐 | 花境 | 大宁公园郁金香花境 |

下图中，"春色田野"花境的设计灵感来自文森特·威廉·梵高的著名画作《麦田里的丝柏树》，此花境以画中的丝柏树与圆形笔触为设计基础，融入版画风格，加入不锈钢鸟雕塑景观，使画面更加栩栩如生，给人生命因顽强而辉煌的感觉。主题景观选用玛格丽特、一品红、凤仙花、矮牵牛、孔雀草等当季优良时令花卉，通过粉、蓝、白、黄、绿等清晰的颜色对比来突显春天的美丽，将春天的气息和生机留在街头，让市民在转角处邂逅春天。

"春色田野"花境

（三）花卉的其他运用形式

　　除以上两种常用的运用形式外，花卉还有自然花丛，及以种植容器为载体的花箱、花球、花桶、花钵、花车等运用形式。种植容器可用木、竹、藤、瓷、陶、塑料、不锈钢等各种材料制成，也可制成各种形状，并灵活机动地布置在建筑物室内、窗台、阳台、屋顶、门口，以及各种户外场地空间。

"百年华诞"花海

自然花丛

花球

花桶

花钵

　　常用花坛、花境植物（草本植物）见表3.1。

表3.1　常用花坛、花境植物（草本植物）

植物名称	高度/cm	花色							花期/月
		紫红	红	粉	白	黄	橙	蓝紫	
藿香蓟	30~60	√	√	√	√			√	4—10
金鱼草	45~60	√	√	√	√				5—7，10
四季秋海棠	20~25			√	√				5—10
雏菊	15~20		√	√	√				4—6
羽衣甘蓝	30~40								
金盏菊	30~40					√	√		4—6
美人蕉	100~150		√						6—10
长春花	30~60		√	√	√				5—10

植物名称	高度/cm	花色							花期/月
		紫红	红	粉	白	黄	橙	蓝紫	
鸡冠花	15~30	√	√			√	√		8—10
彩叶草	30~50								
大丽花	20~40；60~150	√	√	√	√	√	√	√	8—10
石竹	30~50			√	√				5—9
菊花	30~50	√	√	√	√	√	√		5—8，10—12
毛地黄	60~120	√		√	√				6—8
一品红	60~70		√	√	√	√			11—翌年3
风信子	15~25		√	√	√			√	2—3
凤仙花	60~80		√	√	√				6—8
扫帚草	100~150								
紫罗兰	30~50	√	√		√				6—8
喇叭水仙	35~40					√			3—4
二月兰	30~40							√	3—5
天竺葵	30~60	√	√	√	√				5—6，9—10
矮牵牛	20~30	√	√	√	√		√		4—5，6—8
福禄考	15~40	√	√	√	√	√	√		6—8
一串红	30~50		√						5—6，9—10
一串紫	30~50							√	8—10
一串白	30~50				√				8—10
孔雀草	15~20					√	√		4—5，7—10
万寿菊	20~25					√	√		4—5，7—10
郁金香	30~50	√	√	√	√	√	√	√	4—5
美女樱	30~40	√	√	√	√		√		5—10
三色堇	10~25	√			√	√		√	6—10
葱兰	15~25				√				7—10
百日草	15~30	√	√	√	√				6—10
风铃草	15~45				√			√	6—9
射干	50~100						√		7—8
一叶兰	30~40	√							3—4
萱草	30；60~100					√	√		6—8
玉簪	30~50				√				6—8
紫萼	30~50							√	6—8
鸢尾	30~40							√	4—5
黄菖蒲	60~100				√	√			5—6
蛇鞭菊	30~60	√							7—9
忽地笑	30~50					√			7—9
石蒜	30~60		√						9—10
芍药	60~120	√	√	√	√				5

续表

植物名称	高度/cm	花色							花期/月
		紫红	红	粉	白	黄	橙	蓝紫	
花毛茛	20～40	√	√	√	√	√		√	4—5
唐松草	30～60				√				7
白晶菊	60～80				√				4—5
松果菊	60～120		√						6—9

三、地被与草坪的种植设计

为打造生态良好、环境优美的绿化空间，绿化空间的最下层即贴近地面的层次同样需要被关注。从广义上讲，覆盖、绿化、美化地面的最下层植物统称为地被，其中草坪是一类特殊的地被。地被在植物配置中起着收边、围合、增加组团色彩的作用，能形成优美的草缘线，与地形、空间相互呼应，使地形更有线条感。地被在季相丰富的植物层次变化中能形成吸引人的植物组合。按一定比例栽植地被植物可形成稳定性强、优美整洁的植物群落。

（一）地被的种植设计

草本地被：二月兰

草本地被：葱兰

灌木地被：杜鹃

灌木地被：八仙花

1. 地被线

简单来讲，地被线是在平面图中用来表示地被植物种植范围的轮廓线。地被线有两个作用。一是作用于植物组团画面的整体结构和主体形象，其在大草坪空间、园路的两侧、建筑旁等位置，根据场景、功能的需要，呈现出曲、直等线条形式，在画面结构中发挥主要作用。二是通过对建筑物、构筑物、小品的围合、收边、划分，形成不同的质感、量感和空间感。

　　地被植物

地被线样式有自然式和规则式两种。其中，自然式包括大弧度曲线、自由曲线，规则式包括线条式、块状式。大弧度曲线是指弧长较长、弧度较缓、弧线较流畅的曲线，具有引导性和指向性。大弧度曲线一般运用单一的植物来设计。下图中洋水仙、郁金香通过大弧度曲线的设计强调了画面的纵深感和动感。自由曲线是指在一定长度范围内变化较多的曲线，它能引导游人的视线不断改变，或动态，或柔美；随着自由曲线的收紧、扩张，一个完整的、有韵律的节奏空间便逐渐形成了。自然式一般运用多种植物的不同花色进行混搭设计，下图中的地被运用了不同花色的长春花、佛甲草、侧柏进行组合搭配，色彩丰富，曲线变化较多。下图中的地被运用了香雪球、萼距花、长春花3种花卉进行组合搭配，花色丰富，同时花的高度也有所变化。线条式是指为了配合场景、空间营造需要，地被线条在构图上呈几何图形，营造一种仪式感和庄重感，其运用多与景观的整体平面布局有关。下图中的地被运用瓜子黄杨进行了线条式设计，与景观的整体平面布局形式相呼应。块状式是指大面积、几何式的种植，呈现的是地被植物整体的色彩效果、质感的对比。下图中的木茼蒿和四季秋海棠进行了分段块状式设计，并连续重复。

大弧度曲线设计（洋水仙）

大弧度曲线设计（郁金香）

自由曲线设计（长春花、佛甲草、侧柏）

自由曲线设计（香雪球、萼距花、长春花）

线条式设计（瓜子黄杨）

块状设计（木茼蒿、四季秋海棠）

2. 地被的种植设计

地被的种植设计主要在以下5个位置进行。

① 主要景观道路两侧：地被线采用大气的直线，地被植物采用带状色块的形式大面积种植。下左图中的地被运用狼尾草、金叶女贞进行了带状大面积种植。

② 大草地空间：采用大色块的形式进行大面积种植以形成群落，地被线顺滑，着力突出地被的群体美，并烘托其他景观，形成美丽的景观群落。下右图中的地被种植了鼠尾草、澳梅、银叶菊。

道路两侧（狼尾草、金叶女贞）

大草地空间（鼠尾草、澳梅、银叶菊）

③ 建筑及小品旁：运用地被植物修饰墙角，或者将地被植物与景观小品进行组合。下左图中的建筑围墙边缘运用了长春花、花叶玉簪来修饰。下右图中沿着景墙边缘片植了开黄花的黄金菊，使得整面景墙富有生气。

围墙旁（长春花、花叶玉簪）　　　　　　　　景墙旁（黄金菊）

④ 园路旁：利用弧线的凹凸展现空间的进退，引导游人视线的收放。下图中园路运用了各种地被植物，如鼠尾草、新几内亚凤仙、醉蝶花、美人蕉、扫帚草、朱蕉、百日草，在植物群落的设计上注重弧线的设计，如高低的对比、线形的变化，使得整个景观流畅活泼、富有动态。

园路旁（鼠尾草、新几内亚凤仙、醉蝶花、美人蕉、扫帚草、朱蕉、百日草）

⑤ 重要节点：在一些景观中的重要节点，为了突出重要节点处构筑物的线条，吸引游人视线、提示重点，通常使地被线与节点构筑物相呼应。下左图中廊架作为场景中的重要节点，下方的地被也采用了流线的造型，与廊架相呼应。下右图中地被的层次设计与一层层台阶的设计相呼应。

地被植物流线的形式与廊架相呼应　　　　地被层次与台阶层次相呼应

3. 地被植物的分类和常用种类

地被植物的种类很多，按观赏特点分为观花地被植物、观叶地被植物、常绿地被植物、落叶地被植物，按配植环境分为喜阳地被植物、耐半阴地被植物、喜阴地被植物、耐旱地被植物、耐湿地被植物和耐盐碱地被植物。

地被植物的分类和常用种类

观花地被植物以一、二年生花卉，宿根及球根花卉为主。观花地被常选用花期长、花繁茂、扩展力强、繁殖快、栽培简单、适合粗放管理的植物，如红花酢浆草、二月兰、黑心菊、金鸡菊、紫花地丁、花菱草、石竹、郁金香、黄金菊等。

观叶地被植物是有特殊的叶色与叶姿可供欣赏的地被植物。观叶地被常选用叶色丰富、观叶期较长的植物，如虎耳草、八角金盘、洒金桃叶珊瑚、花叶常春藤、十大功劳、肾蕨、紫叶酢浆草、大吴风草、佛甲草等。

常绿地被植物是四季常青的地被植物，这类植物无明显的休眠期，一般在春季换叶。北方的常绿地被常采用铺地柏、麦冬、富贵草、常春藤等。南方的常绿地被植物非常丰富，如沿阶草、花叶络石、蔓长春花等。

落叶地被植物是秋、冬季节地上部分枯萎，第二年再发芽生长的地被植物，如萱草、玉簪、落新妇、鸢尾、地肤等，适用于建植大面积景观。

喜阳地被植物适合栽植在光照充足、场地开阔的地面。其在全日照下生长态势良好，光照不足时则茎细弱、节伸长、开花少。常见的喜阳地被植物有金鸡菊、金丝桃、常夏石竹、黑心菊、白晶菊等。

耐半阴地被植物适合栽植在林缘、树坛下、稀疏树丛处，既能承受一定的光照强度，也有一定的耐阴能力。常见的耐半阴地被植物有石蒜、二月兰、铜钱草、花叶常春藤、八仙花、茶梅等。

喜阴地被植物适合栽植在郁闭度很高的乔木或灌木下层，在全光照下生长态势不良。常见的喜阴地被植物有玉簪、虎耳草、白及、蛇莓等。

耐旱地被植物适合栽植在排水状况良好、比较干燥的环境中或坡地上。耐旱地被植物多为根系发达、抗逆性强、喜光的植物，如佛甲草、八宝景天、白三叶、沙地柏等。

耐湿地被植物适合栽植在湿润的环境中，如溪边、沼泽中、湿地处。常见的耐湿地被植物有黄菖蒲、花叶芦竹、射干、欧洲水仙、旱伞草、千屈菜等。

耐盐碱地被植物能够在贫瘠的土地或轻度盐碱地上正常生长。常见的耐盐碱地被植物有多花筋骨草、荷兰菊、金叶莸、一串红、紫穗槐等。

（二）草坪的种植设计

草坪是一类特殊的地被，是在相对开阔的空间中或林间空地上种植草坪草形成的绿化景观。草坪是常见的绿地形式，可游、可赏或具有特殊功能。

美国克利夫兰Perk
公园草坪景观

1. 草坪的分类

草坪按使用功能可分为以下5类。①观赏草坪，主要用于观赏装饰，一般不允许进入。②游憩草坪，可供游览休憩，可供开展一定的游憩活动，如野餐、放风筝、散步等。③体育草坪，可供开展各类体育活动，如足球、网球、高尔夫等。④护坡草坪，以水土保持、固着土壤为主要功能，如湖岸草坡、公路边坡等。⑤放牧草坪，提供畜牧草及放养场地。

观赏草坪

游憩草坪

体育草坪

护坡草坪

放牧草坪

草坪按草坪草的习性可分为夏绿型草坪（暖季型草坪）、冬绿型草坪（冷季型草坪）、常绿草坪；按其与树木的组合关系可分为空旷草坪、闭锁草坪、稀树草坪、疏林草坪、林下草坪等；按成分可分为单一草坪、混合草坪；按平面形式可分为自然式草坪、规则式草坪；按使用时间长短可分为永久性草坪、临时性草坪。

草坪草的选择应根据草坪的功能和环境条件决定。①观赏草坪要求选择植株低矮，叶片细小美观，叶色翠绿且绿叶期长的草种，如天鹅绒、马尼拉。②游憩草坪和体育草坪应选择耐践踏、耐修剪、适应性强的草种，如狗牙根、结缕草。③护坡草坪应选择适应性强、耐旱、耐瘠薄、根系发达的草种，如结缕草、假俭草。④干旱少雨地区要求草坪草耐旱、抗病虫害的能力强，如野牛草、狗牙根；水畔及低洼处则要求草坪草耐水湿，如剪股颖、两耳草；林下及建筑阴影下要求草坪草耐阴，如细叶苔草、羊胡子草。

2. 草坪的播种方式

草坪有单播和混播两种播种方式。单播是指用一种草坪草的一个品种来建植草坪，常见于南方地区。单播形成的草坪颜色均匀，不存在种间或品种间的竞争问题。但由于遗传背景单一，单播草坪对环境的适应能力较弱。混播是指用两个或两个以上草坪草种混合建植草坪，常见于北方地区，一般使用匍匐茎不发达的草种。混播遵循的原则是掌握各类草坪草的生长习性和主要优缺点，做到优势互补；充分考虑不同草种外观特性的一致性，以确保混播草坪的高品质；混播草坪的草种不宜太多，以2～3个为宜；混播组合中至少有一个草种为当地主要草种，能够适应当地任何不良环境条件。

草坪混播配方

四、藤本植物的种植设计

藤本植物是自身不能直立生长，需要依附其他物体或匍匐于地面生长的木本或草本植物。按照生长方式，藤本植物主要可分为4类。①缠绕类：通过缠绕在其他支撑物上生长，如紫藤、金银花、油麻藤、茑萝、牵牛花、五味子等。②卷须类：利用卷须进行攀缘，如葡萄、观赏南瓜、葫芦、丝瓜、西番莲、炮仗花等。③吸附类：依靠气生根、吸盘、钩刺的吸附作用攀缘，如地锦、常春藤、凌霄、扶芳藤、络石、薜荔等。④蔓生类：攀缘能力较弱，或仅靠枝刺、皮刺依附其他物体生长，如野蔷薇、木香、叶子花、藤本月季等。

藤本植物的种植设计

利用藤本植物这类特殊的植物材料造景，不仅能形成特色景观，更重要的是能有效扩大城市绿化面积、改善生态环境。藤本植物的应用形式可概括为以下5类。

（一）廊架式

廊架式使用廊、架等建筑设施小品作为藤本植物的依附物，形成花廊、花架、绿棚等，起到点缀环境、遮阴的作用。廊、架可用钢筋混凝土、钢材、竹、木等材料制成。廊架式一般选用单种藤本植物，如紫藤、凌霄、木香，将其种植于廊、架边缘的地面或种植池中，让其沿廊、架向上生长。若想创造丰富的花木景观，也可使形态及习性相似的几种藤本植物依附同一廊、架生长。

廊架式：紫藤

（二）篱垣式

篱垣式是利用篱笆、栅栏、墙垣等作为藤本植物依附物的绿化形式。篱垣式既有围护防范作用，又不显生硬，能很好地美化环境。篱垣构架可以是传统的木竹结构，也可以是金属围栏或者铁丝网，还可以是用砖砌成的或用混凝土制成的镂空围栏。选择的植物材料应和篱垣构架的材料相协调，如表面光滑的金属围栏适合选用藤蔓纤细、茎柔叶小的金银花、牵牛花、茑萝、铁线莲等；而用砖砌成的或用混凝土制成的篱垣构架因形体相对粗大，可选用枝条粗壮、色彩斑斓的藤本月季、云实、蔷薇等。

篱垣式：铁线莲

（三）墙面式

墙面式是通过墙基种植区（槽）、墙顶种植槽或墙面花槽种植藤本植物，达到美化墙体或突出建筑精细部位等目的的一种绿化形式。其中最常用的方式是沿墙基部（一般离墙15cm左右）地栽（或于种植槽内栽）藤本植物，株距约0.5～1.0m，可较快形成绿色屏障。也可以在建筑较高部位，如墙顶种植槽、墙面花槽内种植藤本植物使之茎蔓下垂，形成良好的景观效果。

墙面式：蔷薇　　　　　　　　　　　　墙面式：爬山虎

墙面式应根据墙面的材料、质地、朝向、色彩、高度等选择合适的藤本植物。质地粗糙、材料强度高的墙面可选择枝叶粗大、有吸盘和气生根的植物，如爬山虎、常春藤、薜荔、凌霄等；光滑的墙面，如马赛克贴面等宜选用枝叶细小、吸附力强的络石、绿萝等；墙面光滑、材料强度低、抗水性差的石灰粉刷面则可辅以铁钉、绳索、金属丝网等设施栽植藤本植物。对于高层建筑，攀爬能力强的植物如爬山虎等较为适宜；对于红色墙面，开白花、淡黄色花的木香或常绿的常春藤就比花色艳丽的爬藤月季更合适。

（四）立柱式

立柱式是利用藤本植物装饰各类柱体（如建筑物立柱、高架桥立柱、电线杆、灯柱等）的绿化形式。藤本植物的装饰可减轻柱体的生硬感，调和柱体垂直与水平线条的强烈反差。立柱式可在柱子基部地栽（或于种植槽内栽）藤本植物，也可在柱上设花槽栽植，必要时可借助支架、绳索等。另外，绿地中的高大乔木（甚至古树）的树干也可进行立柱式绿化，以增加古老沧桑之感，使其颇具意境美，但需注意不可用绞杀力强的藤本植物。

（五）匍地式

一些藤本植物可匍匐于地面生长，并迅速蔓延占据较大的面积。匍地式就是利用藤本植物的这一特性，对平面、坡面进行绿化的形式，可选用常春藤、扶芳藤、络石、蔓长春花等藤本植物。

立柱式：绿萝　　　　　　　　　　　　匍地式：蔓长春花

技能实训

任务1 调研植物种植形式

一、任务书

小组调研指定范围（如校园、公园等）内的植物景观，拍照记录并标注植物类型和种植形式，分析植物景观的优缺点，完成植物种植形式调研报告。调研报告格式如下。

××植物种植形式调研报告

（一）导言

① 调研时间：

② 调研地点：

③ 调研方法：

④ 考察内容：

⑤ 调研目的：

（二）绿地基本情况

（三）植物调查表（见表3.2）

表3.2 植物调查表

序号	种植形式	植物类型	优缺点	照片
1				
2				
3				
……				

（四）调研总结

二、任务分组

三、任务准备

① 结合学生的特点和优势（语言表达能力、植物辨识能力、信息素养）对学生进行分组，每组4～5人。

② 阅读任务书，复习各类植物种植设计的相关知识，准备植物调查表。

学生任务分配表

四、成果展示

结合调研报告进行汇报。

五、评价反馈

学生进行自评，评价自己是否完成指定范围内植物景观信息的提取，有无

南京某高校景观植物种植形式调研报告

遗漏。教师对学生的评价内容包括：书写是否规范，书写内容是否出自实训、是否真实合理，阐述是否详细，认识和体会是否深刻，植物的种植形式是否合理，是否达到了实训的目的。

① 学生进行自我评价，并将自评结果填入表3.3所示的学生自评表中。

表3.3　学生自评表

班级：　　　　　　　组名：　　　　　　　　　　　姓名：

学习模块	各类景观植物的种植设计		
任务1	调研植物种植形式		
评价项目	评价标准	分值	得分
书写	规范、整洁、清楚	10	
导言	按照报告格式中的导言要求	10	
总体布局	能用简洁的语言提炼概括总体布局	10	
种植形式	能概括种植形式并以具体植物举例	10	
调研总结	对调研情况做出总结和评价，分析优缺点	10	
工作态度	态度端正，无无故缺勤、迟到、早退现象	10	
工作质量	能按计划完成工作任务	10	
协调能力	与小组成员、同学能合作交流，协调工作	10	
职业素养	能做到实事求是、不抄袭	10	
创新意识	能够对植物调研报告去进行创新设计	10	
合计		100	

② 学生以小组为单位，对任务1的完成过程与结果进行互评，将互评结果填入学生互评表中。

③ 教师对学生在工作过程中的表现与工作结果进行评价，并将评价结果填入表3.4所示的教师评价表中。将学生自评表、学生互评表、教师评价表的成绩进行汇总填入表3.5所示的三方综合评价表中，形成最终成绩。

学生互评表

表3.4　教师评价表

班级：　　　　　　　组名：　　　　　　　　　　　姓名：

学习模块		各类景观植物的种植设计		
任务1		调研植物种植形式		
评价项目		评价标准	分值	得分
工作过程（60%）	书写	规范、整洁、清楚	5	
	导言	按照报告格式中的导言要求	10	
	总体布局	能用简洁语言提炼概括总体布局	10	
	种植形式	能概括种植形式并用具体植物举例	10	
	调研总结	对情况做出总结和评价，分析优缺点	10	
	工作态度	态度端正，无无故缺勤、迟到、早退现象	5	
	协调能力	与小组成员、同学能合作交流，协调工作	5	
	职业素养	能做到实事求是、不抄袭	5	
工作结果（40%）	工作质量	能按计划完成工作任务	10	
	调研报告	能按照任务要求撰写调研报告	10	
	成果展示	能准确表述、汇报工作成果	20	
合计			100	

表3.5 三方综合评价表

班级：		组名：		姓名：	
学习模块		各类景观植物的种植设计			
任务1		调研植物种植形式			
综合评价	学生自评（20%）	小组互评（30%）	教师评价（50%）		综合得分

任务2 绘制植物种植形式平面图

一、任务书

在任务1的基础上，绘制对应的植物种植形式平面图。

二、任务分组

三、任务准备

阅读任务书，复习植物种植设计的相关知识，准备植物平面图例。

学生任务分配表

四、成果展示

（范例）

实景图

种植形式平面图

五、评价反馈

学生进行自评，评价自己是否准确表示不同生长类型的植物规格，有无遗漏。教师对学生的评价内容包括：平面图绘制是否规范、是否真实合理，植物统计是否详细，认识和体会是否深刻，植物规格是否合理，是否达到了实训的目的。

① 学生进行自我评价，并将自评结果填入表3.6学生自评表中。

表3.6 学生自评表

班级：　　　　　　　组名：　　　　　　　　　　　　姓名：

学习模块	各类景观植物的种植设计		
任务2	绘制植物种植形式平面图		
评价项目	评价标准	分值	得分
植物种类	是否与任务1中的植物种类对应	10	
植物图例	表达是否准确、规范	20	
平面图	图纸与调研绿地中的植物设计内容一致	20	
工作态度	态度端正，无无故缺勤、迟到、早退现象	10	
工作质量	能按计划完成工作任务	10	
协调能力	与小组成员、同学之间能合作交流，协调工作	10	
职业素养	能做到实事求是、不抄袭	10	
信息素养	借助网络调研不同生长类型的植物规格	10	
合计		100	

② 学生以小组为单位，对任务2的完成过程与结果进行互评，将互评结果填入学生互评表中。

③ 教师对学生在工作过程中的表现与工作结果进行评价，并将评价结果填入表3.7所示的教师评价表中。将学生自评表、学生互评表、教师评价表的成绩进行汇总填入表3.8所示的三方综合评价表中，形成最终成绩。

学生互评表

表3.7 教师评价表

班级：　　　　　　　组名：　　　　　　　　　　　　姓名：

学习模块		各类景观植物的种植设计		
任务2		绘制植物种植形式平面图		
评价项目		评价标准	分值	得分
考勤（5%）		无无故旷课、早退现象	5	
工作过程（55%）	植物种类	是否与任务1中的植物种类对应且表述正确	10	
	植物图例	是否准确规范表达不同生长类型的植物平面图例	10	
	平面图	图纸与调研绿地中的植物设计内容一致	20	
	工作态度	态度端正，无无故缺勤、迟到、早退现象	5	
	协调能力	与小组成员、同学之间能合作交流，协调工作	5	
	职业素质	能做到实事求是、不抄袭	5	
项目成果（40%）	工作完整	能按计划完成工作任务	10	
	苗木规格表	按照任务要求完成苗木规格表	10	
	成果展示	能准确表达，汇报工作成果	20	
合计			100	

表3.8　三方综合评价表

班级：		组名：		姓名：	
学习模块		各类景观植物的种植设计			
任务2		绘制植物种植形式平面图			
综合评价	学生自评（20%）	小组互评（30%）	教师评价（50%）		综合得分

模块小结

重点：孤植、对植、列植、丛植、群植、林植、篱植、花坛花卉类型及种植设计、花境花卉类型及种植设计、地被植物类型及种植设计。

难点：丛植的平面表示方法、树群的复层结构。

综合实训

节庆主题花坛设计

（1）实训目的

通过实训，了解花坛在景观中的应用，掌握花坛设计的基本原理和方法，并达到能将其应用于实际的水平。

（2）实训内容

花坛外轮廓为圆形，位于广场中央，花坛半径4m，可多面观赏。

（3）植物设计要求

① 充分表现植物本身的自然美及多种植物的图案美、色彩美和群体美。

② 设计说明要求语言流畅、言简意赅，能准确地对图纸内容进行补充，表现设计意图。设计说明内容主要包括：基本概况，如地理位置、设计面积、周围环境；花坛设计，如设计主题、构思、花色、花期；等等。

③ 图面表现能力：满足设计要求；构图合理；清洁美观；线条流畅；图例、比例、指北针、苗木规格表、图框等要素齐全，且符合制图规范；色彩搭配合理。

（4）实训成果

① 花坛平面图（包括苗木规格表）。

② 设计说明。

知识巩固

班级：＿＿＿＿＿＿　　姓名：＿＿＿＿＿＿　　成绩：＿＿＿＿＿＿

一、填空题（每空5分，共40分）

1．三株树木的平面构图，忌种植点在一条（　　　）上，忌种植点可连线形成等边三角形。

2．（　　）是二三十株至上百株的乔木和灌木成群配置的种植形式。

3．从广义上讲，覆盖、绿化、美化地面的最下层植物统称为（　　）。

4．花坛根据景观特点不同可以分为（　　）、（　　）、（　　）等。

5．（　　）是指将乔木或灌木按一定的间距，成列（行）地种植，以形成树列（行）。

6．在绿地中，疏林常与草地结合，又称（　　）。它作为一种常见的绿化形式，适合开展野餐等各种活动而广为游人所喜爱。

二、单选题（每题5分，共30分）

1．（　　）是利用同一树种、同一规格数量的树木在主题景物轴线两侧作对称布置。

    A．对称式种植　　　B．非对称式种植　　C．单纯树列　　　　D．混合树列

2．（　　）可用于界定范围、组织空间、装饰镶边或作为喷泉雕塑小品的背景以及遮挡不利景观。

    A．孤植　　　　　　B．篱植　　　　　　C．花坛　　　　　　D．花境

3．（　　）是单独栽植一株树木，或栽植几株同种树木使其紧密地生长在一起，从而达到单株效果的种植形式。

    A．列植　　　　　　B．丛植　　　　　　C．群植　　　　　　D．孤植

4．（　　）是按一定的轴线关系，对称或均衡地种植两株树木或视觉上具有两株效果的两组树木的种植形式。

    A．列植　　　　　　B．丛植　　　　　　C．对植　　　　　　D．孤植

5．（　　），可供游览休憩，可供开展一定的游憩活动，如野餐、放风筝、散步等。

    A．观赏草坪　　　　B．游憩草坪　　　　C．体育草坪　　　　D．护坡草坪

6．（　　）属于喜阴地被植物。

    A．虎耳草　　　　　B．马齿苋　　　　　C．红花酢浆草　　　D．白晶菊

三、判断题（每题2分，共10分）

1．（　　）乔木主要作为绿篱，并能点缀和装饰景观。

2．（　　）灌木是设计和造景中的基础和主体，可形成景观框架。

3．（　　）孤植树常常种植在空旷草坪中。

4．（　　）树木的配置讲究以最经济的手段获得最优的效果。

5．（　　）景观是为少数人服务的。

四、简答题（每题10分，共20分）

1．调研天安门广场国庆花坛，调研内容要求包括以下5个方面：花坛总设计师、花坛建造时间、花坛主题、花坛设计形式、花坛寓意。

2．列举春、夏、秋3个季节花坛的常用花卉类型，并写明花色。（每季不少于5种）

知识拓展

1. 花海

花海指的是在一定季节种植的面积较大的植物景观，其种植形式一般是一、二年生花卉片植。常见的花海植物有波斯菊、格桑花、丛生福禄考、粉黛乱子草、油菜花、荷兰菊、黑心菊、马鞭草、金鸡菊、鼠尾草、松果菊、薰衣草、郁金香、马鞭草等。

荷兰的库肯霍夫公园享有"欧洲最美丽的春季花园"的美称，面积为32万㎡。每年春天逾600万株花卉一齐绽放，其中郁金香的品种就约有1000个，五颜六色的花卉将公园装点成了花的海洋。郁金香是荷兰的国花，已成为荷兰的符号，它象征着美好、幸福、华贵和成功。

郁金香花海

陪你去看最美的花海

2. 植物墙

植物墙是指种植了植物的墙面。由于具有占地少、见效快等优点，其成为解决城市绿地面积不足的问题，增加城市立体空间绿化量的有效途径之一。植物墙常用的植物种类见表3.9。

表3.9　植物墙常用的植物种类

环境	植物种类
室内	袖珍椰子、白掌、红掌、鸟巢蕨、豆瓣绿、鹅掌柴、常春藤、绿萝、黄金葛、冷水花、吊竹梅、竹芋、金边吊兰、长寿花、孔雀竹芋、铁线蕨、龟背竹、肾蕨、网纹草、络石、八宝景天、迷迭香、报春花、喜林芋
室外	杜鹃、常春藤、金森女贞、花叶蔓长春、金边吊兰、羽衣甘蓝、栀子花、大吴风草、络石、沿阶草、金边麦冬、三色堇、菲白竹、活血丹、佛甲草、黄金菊、银叶菊、硫磺菊、茼蒿菊、金边黄杨、南天竹、红花酢浆草、鹅掌柴、金边常春藤

111

一道亮丽的风景线
——植物墙

3. 植物色彩设计

英国造园家克劳斯顿说："景观设计归根结底是植物材料的设计，其目的就是改善人类的生存环境，其他的内容只能在一个有植物的环境中发挥作用。"优美的植物色彩搭配，不仅能改善我们的生活环境，丰富休憩、娱乐场所的景观，也能创造可给人带来无限遐想的艺术空间。

植物的色彩

（1）植物季相色彩设计

在植物色彩设计过程中，应该考虑季节的更替。春天要以绿色为主，合理地设置枝叶、草类等，在以绿色为主的基础上再加入粉色、淡黄色等颜色，可以使整个景观更具生命力。夏季应选择色彩鲜艳的植物，如深红色、深紫色、橙色的植物，这样可以展示夏天的生机勃勃。秋天一般选择金黄色、深红色的植物，这样一方面可以表达丰收的喜悦之情，另一方面也能够展现秋季的静谧氛围。冬天可以选择深绿色、蓝绿色的常绿植物。一年四季要选择不同颜色的植物，并且合理地配置，以使景观更加丰富，给人的美学感受更强烈。

（2）植物情感营造

马克思说："色彩的感觉是一般美感中最大众化的形式。"也就是说，人们对色彩的情感体验是最直接也是最普遍的。植物色彩设计就是用不同颜色的植物构成瑰丽多彩的景观，并赋予环境不同的氛围，如冷色代表宁静，暖色代表温暖。

不同的色彩组合在一起可以营造出不同的氛围。①安宁祥和：绿色＋淡黄色。②热情奔放：黄色＋橙色＋红色。③轻松舒缓：淡紫色＋紫色＋绿色。④雅致自然：紫色＋黄色＋绿色。⑤清新自然：绿色＋白色点缀。⑥温馨浪漫：粉红色＋绿色。⑦鲜明醒目：粉红色＋紫色＋绿色。

黄色＋橙色＋红色

绿色＋白色点缀

植物让人如此动情
——植物色彩设计

学习反思

_____

_____

_____

_____

_____

_____

_____

_____

_____

_____

_____

学习模块四 道路绿地植物设计

学习导读

　　道路绿地是指在道路及广场用地范围内可进行绿化的土地。从广义上讲，道路绿地包括道路绿带、交通岛绿地、广场绿地和停车场绿地。从狭义上讲，道路绿地即道路绿带。道路绿地植物设计是指在以道路为主体的部分相关空地上，以乔木为主，同时结合灌木、地被植物等的绿化设计。其主要功能是遮阴、滤尘、减弱噪声、改善道路沿线的环境质量，如南京主城区内道路两旁郁郁葱葱的悬铃木和雪松、北京的国槐都使得城市生机盎然、各具特色。本学习模块共8课时：知识储备和技能实训各4课时。知识储备部分主要讲解道路绿地的相关概念、道路绿地设计、道路绿地项目设计流程、总结和拓展。技能实训部分设置了两个学习任务：调研道路绿地植物，绘制道路绿地植物平面图。学生应重点掌握道路绿地断面形式、中间分车绿带的植物种植形式、行道树绿带设计。

学习目标

※ 素质目标

1. 团队协作、合理分工、有责任心。
2. 清晰阐述设计思路、交流设计思想。
3. 树立生态环保意识。
4. 培养乐于思考、反复推敲的习惯。

※ 能力目标

1. 正确选择道路绿地的植物类型。
2. 检索与阅读道路绿地设计资料。
3. 识读与分析道路绿地设计图纸。
4. 进行道路绿地植物设计。
5. 编制道路绿地植物设计说明。

※ 知识目标

1. 了解道路绿地的相关概念。
2. 记住有关道路绿地率的规定。
3. 理解道路绿地断面形式。
4. 归纳绿带的植物种植形式、植物类型、植物搭配。

思维导图

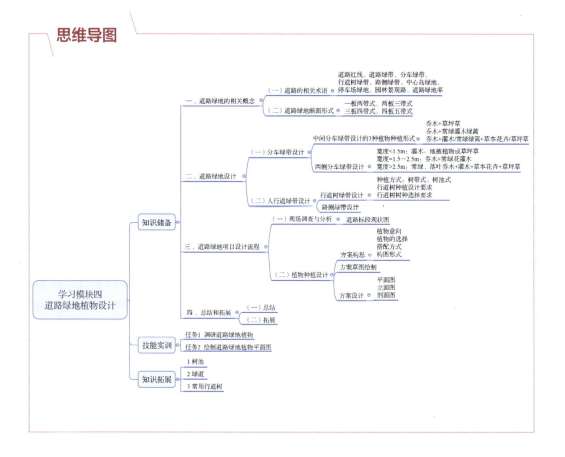

一、道路绿地的相关概念

道路绿地基础知识

（一）道路的相关术语

1. 道路红线

道路红线是指规划城市道路（含居住区级道路）用地的边界线。

2. 道路绿带

道路绿带是指道路红线范围内的带状绿地。道路绿带分为分车绿带、行道树绿带和路侧绿带。

3. 分车绿带

分车绿带是指车行道之间可绿化的分隔带，位于上、下行机动车道之间的为中间分车绿带，位于机动车道与非机动车道之间或同方向机动车道之间的为两侧分车绿带。

4. 行道树绿带

行道树绿带是指布设在人行道与车行道之间，以种植行道树为主的绿带。

5. 路侧绿带

路侧绿带是指布设在人行道外缘至同侧道路红线之间的绿带。

6. 中心岛绿地

中心岛绿地是指位于交叉路口上可绿化的中心岛用地。

7. 停车场绿地

停车场绿地是指在停车场用地范围内的绿化用地。

8. 园林景观路

园林景观路是指在城市重点路段强调沿线绿化景观，体现城市风貌、绿化特色的道路。

9. 道路绿地率

道路绿地率是指道路红线范围内各种绿带宽度之和占总宽度的百分比。《城市道路绿化设计标准》（CJJ/T 75—2023）规定：城市道路绿地率宜采用表4.1一般值的规定；在山地城市、旧城更新等特殊情况下，可采用最小值。

表4.1　城市道路绿地率

城市道路红线宽度W（m）		W>45	30<W≤45	15<W≤30	W≤15
绿地率（%）	一般值	≥25	≥20	≥15	—
	最小值	15	10		—

道路绿带各组成部分示意图

中心岛绿地

（二）道路绿地断面形式

道路绿地断面形式与道路的性质和功能密切相关。城市中的道路由机动车道、非机动车道、人行道等组成。道路绿地的断面形式多种多样，植物景观形式也有所不同。我国现有道路多采用一块板、两块板、三块板、四块板等形式，相应地，道路绿地断面形式也出现了一板两带式、两板三带式、三板四带式、四板五带式。

1.　一板两带式

一板两带式是指中间1条车行道，两侧2条绿带，这是道路绿地中最常见的一种断面形式。其优点是简单整齐，用地比较经济，管理方便，但在车行道过宽时行道树的遮阴效果较差，同时机动车辆与非机动车辆混合行驶，不利于组织交通。

此种形式适用于机动车流量不大的次干道、城市支路和居住区道路。道路宽度一般为10～20m。

2．两板三带式

两板三带式是指除在车行道两侧的人行道上种植行道树外，还有1条有一定宽度的分车绿带把车行道分成双向行驶的2条车道。分车绿带宽度不宜小于2.5m，以5m以上为佳，可种植1～2行乔木，也可种植草坪草、草本花卉或者花灌木。

此种形式适用于机动车流量较大而非机动车流量较小的地段，如高速公路和入城道路。

3．三板四带式

三板四带式是指利用2条分隔带把车行道分成3条，中间为机动车道，两侧为非机动车道，连同车行道两侧的行道树共有4条绿带，故称三板四带式。分车绿带宽度为1.5～2.5m的，以种植花灌木或者绿篱造型植物为主；宽度在2.5m以上的，可种植乔木。

此种形式适用于城市主干道，便于组织交通，解决了机动车和非机动车混合行驶的矛盾，尤其是在非机动车流量较大的情况下。

4．四板五带式

四板五带式是利用3条分隔带将车行道分成4条（2条机动车道和2条非机动车道），使机动车和非机动车各行其道、互不干扰，保证了行车速度和交通安全。

此种形式适用于车辆较多的城市主干道或城市环路系统，用地面积较大，分车绿带可考虑用栏杆代替，以节约城市用地。

一板两带式效果图

两板三带式效果图

三板四带式效果图

四板五带式效果图

二、道路绿地设计

道路绿地设计

（一）分车绿带设计

  分车绿带宽度一般为2.5～8m，宽度大于8m的分车绿带可做林荫路设计。为了便于行人过街，分车绿带应适当分段，分段距一般以75～100m为宜，并尽可能与人行横道、停车站、公共建筑的出入口相结合。被人行横道或出入口断开的分车绿带，端部需采取通透式栽植形式，即在端部的绿地上配置的树木，在距相邻机动车道路面0.9～3.0m的高度范围内，树冠不应遮挡驾驶员的视线。

绿带端部植物配置

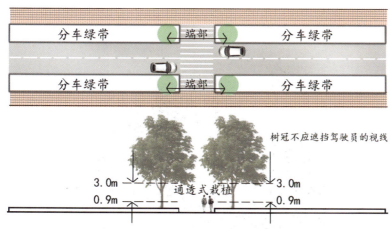

分车绿带端部需采取通透式栽植形式

分车绿带端部种植低矮的草本花卉和小灌木不会遮挡视线

分车绿带的植物种植形式应简洁、整齐、排列一致。为了保证交通安全和方便树木的种植养护，在分车绿带上种植乔木时，其树干中心至机动车道路缘石外侧的距离不能小于0.75m。

1. 中间分车绿带设计

中间分车绿带应能阻挡相向行驶车辆产生的眩光。具体来说，在相向机动车道之间，在0.6～1.5m的高度范围内种植枝叶茂密的常绿树木，能有效阻挡夜间相向行驶车辆前照灯发出的眩光，且株距应小于冠幅的500%。

中间分车绿带的植物种植形式有以下3种。

（1）乔木＋草坪草

这种种植形式是上层种植乔木，下层种植草坪草。将高大的乔木成行种植在中间分车绿带上，会给人一种雄伟壮观的感觉，但缺点是比较单调。下图中主要应用的乔木是银杏和香樟，银杏属于落叶大乔木，而香樟属于常绿大乔木，将落叶大乔木和常绿大乔木进行搭配，可使景观产生季相上的变化，从而弥补上层种植乔木、下层种植草坪草较为单调的缺点。

中间分车绿带的植物种植形式：乔木＋草坪草

（2）乔木＋常绿灌木绿篱

这种种植形式是上层种植乔木，下层种植常绿灌木绿篱，同时需定期对常绿灌木绿篱进行整形修剪，使其保持一定的高度和形状。乔、灌木按照固定的间距排列，会给人一种整齐划一的美感。下图中，上层的银杏属于落叶大乔木，下层的瓜子黄杨是常绿灌木，这种组合方式可使景观产生季相上的变化。

中间分车绿带的植物种植形式：乔木＋常绿灌木绿篱

（3）乔木＋灌木/常绿绿篱＋草本花卉/草坪草

这种种植形式是上层种植乔木，中层种植灌木/常绿绿篱，下层种植草本花卉/草坪草，形成上、中、下3个层次，并通过图案的设计，使中间分车绿带展现出色彩美和图案美，这是目前使用最普遍的种植形式之一。

分车绿带种植形式：乔木＋灌木/常绿绿篱＋草本花卉/草坪草

从以上3种种植形式不难看出，在设计分车绿带时，植物配置需遵循形式简洁、树形整齐、排列一致的原则。

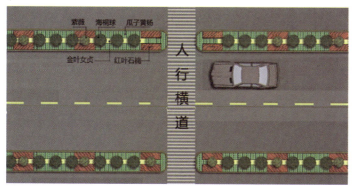

分车绿带平面图

2．两侧分车绿带设计

两侧分车绿带离交通污染源最近，其过滤烟尘、减弱噪声的效果最佳。当两侧分车绿带的宽度小于1.5m时，绿带应种植灌木、地被植物或草坪草；当两侧分车绿带的宽度在1.5～2.5m时，绿带应以种植乔木为主，同时在乔木与乔木中间种植常绿花灌木，以丰富景观色彩；当两侧分车绿带的宽度大于2.5m时，可采用常绿乔木、落叶乔木、灌木、草本花卉和草坪草多种植物类型相互搭配的种植形式。

（二）人行道绿带设计

人行道绿带是指车行道边缘与道路红线之间的绿带，包括人行道和车行道之间的行道树绿带及人行道外缘与同侧道路红线之间的路侧绿带。人行道绿带既起到将行人和建筑与嘈杂的车行道分隔开的作用，又为行人提供了安静、优美、阴凉的绿色环境。在道路红线较窄、没有车行道隔离带的人行道绿带中，不宜配置树冠较大、易郁闭的树种，否则将不利于汽车尾气的扩散。

1．行道树绿带设计

行道树是城市道路植物景观的基本形式。行道树的主要功能是为行人和驾驶非机动车的人遮阴、美化街道、降尘、降噪、减少污染。

（1）种植方式

行道树的种植方式主要有树带式和树池式两种。

如何绘制行道树
绿带平面图

① 树带式。人行道和车行道之间的一条连续的、不加铺装的种植带，即为树带。树带宽度一般不小于1.5m，可种植一行乔木和绿篱，也可根据不同宽度种植多行乔木，并与花灌木、地被植物等相结合。在人行道较宽、行人不多或绿带有隔离防护设施的路段，行道树下可以种植灌木和地被植物，以减少土壤裸露，形成连续不断的绿化带，增强防护能力，优化绿化景观效果。

② 树池式。在车流量比较大、行人多且人行道狭窄的街道上，行道树宜采用树池式的种植方式。树池是指用材料围合成一定空间用以种植树木的景观措施。对树池的处理方式可分为硬质处理、软质处理、软硬结合处理3种。硬质处理是为树池铺设铸铁、玻璃格栅。软质处理是将低矮植物种植在树池内，用于覆盖树池表面的方式，常用大叶黄杨、金叶女贞等灌木或冷季型草坪草、麦冬、白三叶等地被植物。这种方式既能增加绿地量，又经济简便。软硬结合处理是指同时使用硬质材料和景观植物对树池进行覆盖的方式，如为树池铺设透空砖、嵌草砖等。

目前，行道树的树池多为正方形，考虑到步道的宽度和对树木生长发育的影响，边长不宜小于1.2m。在不妨碍行人通行的条件下，树池的尺寸应尽可能大。树池按照池缘与路面的高差大致可分为两类。第一类是池缘与路面持平的平树池，此类树池方便行人行走，尤其是在街道狭窄、行人较多的闹市区可以拓宽一部分路面，增加人流量。此类树池的盖板主要有两种：一种是铸铁盖板，高档、耐用，其上镂空的纹饰不仅透气、透水，还能起到美化的作用；另一种是复合材料玻璃钢格栅，具有耐冲击、免维护、易加工搬运、防滑安全等诸多优点。第二类是池缘低于路面的树池，此类树池内的土壤低于路面，这样土壤不会被压实，可提升通气集水能力，适宜树木生长发育。

软质树池　　　　　　　　　　　硬质树池

（2）行道树种植设计要求

在人行道绿带上种植树木，必须保持一定的株距。一般来说，株距不应小于树冠的2倍。种植行道树时，应充分考虑株距与定干高度。一般株距要根据树冠大小决定，有4m、5m、6m、8m等。若种植干径为5cm以上的树苗，株距以6～8m为宜，使行道树树冠有一定的舒展空间，以保证必要的营养，保证其能正常生长，同时也便于消防车、急救车、抢险车等车辆在必要时穿行。树干中心至路缘石外侧的距离不小于0.75m，以利于行道树的栽植和养护管理。快长树胸径不得小于5cm，慢长树胸径不宜小于8cm的行道树种植苗木的标准，是为了保证新栽行道树的成活率和在种植后较短的时间内能达到绿化效果。

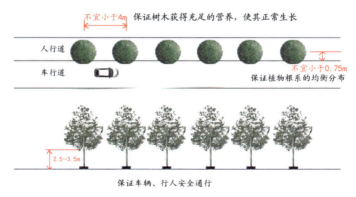

行道树种植设计要求

（3）行道树树种选择要求

行道树应选择能适应当地生长环境，树龄长，树干通直，树枝端正，花果无毒，耐修剪的树种。目前应用较多的有雪松、垂柳、国槐、合欢、栾树、馒头柳、杜仲、白蜡、棕榈、香樟、广玉兰、泡桐、银杏等。

南京行道树树种规划

123

2. 路侧绿带设计

路侧绿带是道路绿地的重要组成部分。路侧绿带的作用与沿路的用地性质或建筑物关系密切，有的要求有植物衬托，有的要求绿化防护，有的要求绿化隔离。因此，路侧绿带应根据相邻用地性质、防护和景观要求等进行设计，并在整体上保持绿带连续、完整和景观效果的统一。因为路侧绿带宽度不一，所以植物各异。如路侧绿带较窄，则常用直立的桧柏、珊瑚树、女贞等进行分隔。如路侧绿带较宽，则可以此绿色屏障为背景，前面配植花灌木、宿根花卉及草坪草或结合立体花坛做造型表达设计主题。

路侧绿带

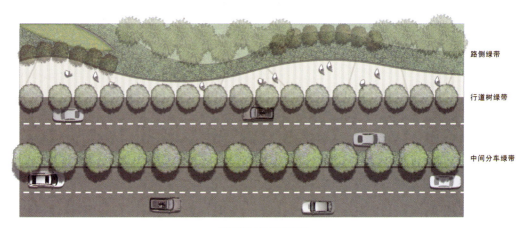

路侧绿带

行道树绿带

中间分车绿带

道路绿地设计平面图

三、道路绿地项目设计流程

道路绿地项目设计
流程

此部分将以三板四带式100m道路标段项目为依托，讲解道路绿地项目设计流程。

（一）现场调查与分析

该道路位于某市开发区，道路两侧是居住小区，道路总长为1000m，道路红线距离为29m，选取100m道路作为设计标段。下图中省略长度单位mm。

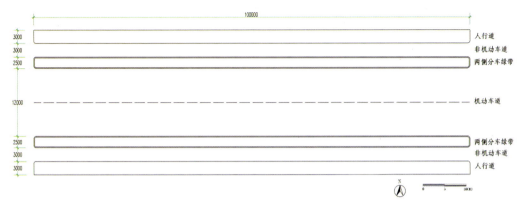

三板四带式100m道路标段现状图

从上图可以看出，该道路属于三板四带式道路。其中，人行道宽3m，非机动车道宽3m，两侧分车绿带宽2.5m。

（二）植物种植设计

1. 方案构思

在方案构思阶段，主要从植物意向、植物的选择、搭配方式、构图形式等方面展开构思。

（1）人行道绿带

人行道绿带宽3m，由于位于行人多的地段，人行道绿带宜采用树池式种植方式。选用的植物应能够为行人和非机动车庇荫。在树种的选择上，要选择深根、分枝点高、冠大荫浓、生长健壮、适应城市道路环境条件，且落果对行人不会造成危害的树种。若选用落叶乔木，在冬季可以减少对阳光的遮挡，提高地面温度。

（2）两侧分车绿带

根据《城市道路绿化设计标准》（CJJ/T 75-2023），当两侧分车绿带的净宽度在1.5m以上时，宜种植乔木。本方案中的两侧分车绿带宽2.5m，在植物的选择上考虑观花与观叶搭配，从乔木、灌木到色叶小灌木、地被植物，形成多层次、高落差的绿化格局。同时，在植物的选择上应选用萌芽力强、枝繁叶密、耐修剪的树种（见表4.2）。

表4.2 植物选择列表

人行道绿带	大乔木：银杏（落叶）
两侧分车绿带	大乔木：香樟（常绿）
	灌木：海桐球（常绿）
	地被植物：金叶女贞（常绿）、红叶石楠（常绿）、瓜子黄杨（常绿）

2. 方案草图绘制

在方案构思的基础上，绘制方案草图。人行道绿带采用正方形（1.2m×1.2m）的树池式种植方式，株距5m。两侧分车绿带宜采用乔木、经过修剪的造型灌木形成混交树列，选用不同的地被植物进行片植，以创造自然流畅的波浪曲线。乔木和灌木按固定的株距间隔排列，可给人一种整齐划一的美感。

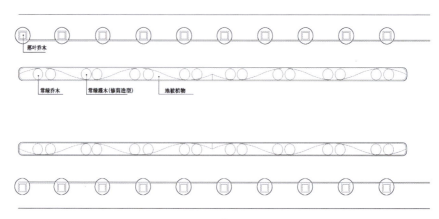

方案草图

3. 方案设计

本方案为一段长度为100m的标段道路的绿化设计，该道路在植物配置上将乔木与灌木搭配，可形成四季常绿、色彩丰富、错落有致的绿色景观。

（1）人行道绿带

人行道绿带采用树池式种植方式，利用玻璃钢格栅作为树池盖板，树池平面为边长1.2m的正方形。树池中种植的植物是落叶大乔木银杏，株距为5m。

（2）两侧分车绿带

两侧分车绿带种植的植物有香樟、海桐球、瓜子黄杨、金叶女贞、红叶石楠。主要配置形式：（上层）香樟＋（中层）海桐球＋（下层）瓜子黄杨、金叶女贞、红叶石楠。

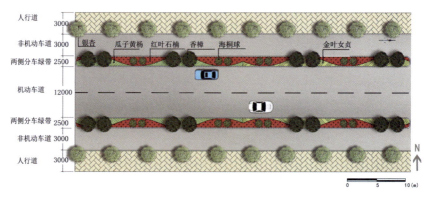

100m标段道路绿化设计平面图

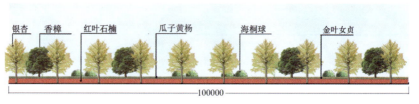

100m标段道路绿化设计立面图

3000	3000	2500	12000	2500	3000	3000
人行道	非机动车道	两侧分车绿带	车行道	两侧分车绿带	非机动车道	人行道

29000

100m标段道路绿化设计剖面图

四、总结和拓展

（一）总结

道路绿地植物设计要全面考虑植物景观的功能结构，选择与地域气候、土壤环境、湿度等条件相符的植物，充分展现植物本身的艺术性与功能性，为行人创造一个优美的道路环境。植物设计要从整体出发进行局部设计，让整个城市的道路绿地植物景观看起来错落有致，从而提升植物的艺术价值。

道路植物设计总结　　道路绿地实景图

（二）拓展

案例一：九干路道路绿化设计

本案例的设计对象是一条城市交通主干道，全长510m，绿化总面积为4080m²，路面宽31m，断面形式为三板四带式：人行道（2.5m）+人行道绿带（1m）+非机动车道（2m）+两侧分车绿带（3m）+机动车道（14m）+两侧分车绿带（3m）+非机动车道（2m）+人行道绿带（1m）+人行道（2.5m）。本次绿化设计的内容为1m宽人行道绿带、3m宽两侧分车绿带，共4条绿带。

本案例结合城市道路设计的相关规范，以及交通主干道车速快、车流量大的特点，突出景观的生态效益，贯彻"四季常绿、季季有花、错落有致、色彩丰富、简洁明快"的设计原则，达到引导视线、美化环境、组织交通的目的。本次设计运用波浪曲线形式，形成简洁、明快、具有时代特色的道路绿化景观，为驾乘人员和行人提供优美、舒适、安全的外部环境。

选取2个100m标段进行设计，具体道路选用的树种如下。

（1）标段A

① 人行道绿带：七叶树+瓜子黄杨球+金叶女贞、瓜子黄杨+时令草花。

② 两侧分车绿带：紫荆、紫薇、红叶李+海桐球+金叶女贞、瓜子黄杨、杜鹃、海

桐、珊瑚树+时令草花。

（2）标段B

① 人行道绿带：七叶树+瓜子黄杨球+红叶小檗、瓜子黄杨+时令草花。

② 两侧分车绿带：紫荆、紫玉兰+瓜子黄杨球+金边黄杨、红叶小檗、杜鹃、金叶女贞、珊瑚树+时令草花。

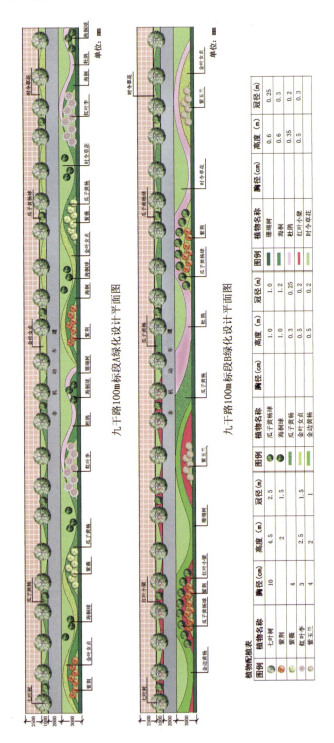

九子路100m标段A绿化设计平面图

九子路100m标段B绿化设计平面图

植物配植表

图例	植物名称	胸径(cm)	高度(m)	冠径(m)
	七叶树	10	4.5	2.5
	紫荆		2	1.5
	紫薇	4	2.5	1.5
	红叶李	3		1
	紫玉兰	4	2	

图例	植物名称	胸径(cm)	高度(m)	冠径(m)
	瓜子黄杨球		1.0	1.0
	海桐球		1.0	1.2
	瓜子黄杨		0.3	0.25
	金叶女贞		0.5	0.2
	金边黄杨		0.5	0.2

图例	植物名称	胸径(cm)	高度(m)	冠径(m)
	珊瑚树		0.6	0.25
	海桐		0.6	0.3
	杜鹃		0.35	0.2
	红叶小檗		0.5	0.3
	时令草花			

案例二：南京机场高速公路绿化设计

南京机场高速公路被誉为"省门第一路"，是江苏省委、省政府确定的交通六大重点工程之一，也是江苏省的标志性工程和禄口国际机场的重要配套工程。该工程北起南京绕城公路花神庙，南迄禄口国际机场，全长28.75km，按6车道规划、4车道标准实施，路基顶宽26m，行车道宽2×7.5m，中央分隔带宽3m，硬路肩宽2×2.5m；设计车速120km/h，把南京机场高速公路建成了"郁郁葱葱的林荫大道"及"绿草和鲜花的海洋"。

1. 沿线概况

南京机场高速公路位于南京市以南、秦淮河以西，凤凰山、将军山以东，属宁镇低山丘陵区。该区东接长江三角洲平原，西连安徽丘陵岗地，呈东南低西北高之势，沿线附近有翠屏山、牛首山、方山等，地形起伏较明显。该线路位于秦淮河谷平原，地势低平，地面水系较多，地表水蚀严重，形成沟岗相间的波状地形景观，地面标高为6～12m。

2. 设计指导思想

南京机场高速公路是江苏省对外的重要窗口，在绿化设计中，力求反映江苏省特色、时代风貌、省会南京市的现代化气息，并结合高速公路车速快、车流量大、车型以客车和轿车为主、运量以客运量为主的特点，突出景观的生态效益，满足高速公路绿化功能的需要，贯彻"四季常绿、季季有花、错落有致、色彩丰富、简洁明快气势大"的设计原则，达到稳定边坡、遮光防眩、引导视线、改善环境的目的，为驾乘人员提供优美、舒适、安全的外部环境，使旅客有"人在车中坐，车在画中行"的良好感觉。

在设计过程中，本项目除把南京机场高速公路的中央分隔带、路基路堑边坡、预留带、互通立交、服务区和收费站作为一个整体通盘考虑外，还根据功能和服务对象的不同随之而变，统一中求变化，变化中达统一。主线绿化采用远乔木、中灌木、全花草的布置手法，大分段间隔逐步过渡，形成连续不断、动中有变的"绿色长廊"。服务区、收费站以大片常绿、半常绿草坪为基调，以简洁图案和少量植物造景来点缀。路基路堑边坡以铺植固着性好的草坪草为主，达到稳定边坡、防止雨水冲刷、绿化美化的目的。

3. 绿化设计内容

（1）中央分隔带绿化

中央分隔带绿化的目的是遮光防眩、引导视线和改善景观。由于中央分隔带土层薄、立地条件差，防眩树种应选择抗逆性强、枝叶浓密、常绿的蜀桧。根据防眩效果和景观要求，蜀桧高度以1.6m为宜，单行株距以2.0～3.0m为宜，蓬径以50cm为宜。

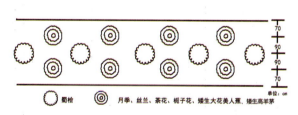

中央分隔带植物种植形式：蜀桧＋月季、丝兰、茶花、栀子花、矮生大花美人蕉＋矮生高羊茅

中央分隔带的地表绿化，从美化路容和改善小气候的目的出发，以草坪草和地被植物为主，使地表得以有效覆盖，从而防止土层污染路面，达到保湿效果。中央分隔带选用矮生高羊茅满铺，地被植物选择月季、丝兰、茶花、栀子花、矮生大花美人蕉等花灌木，各品种按中央分隔带自然分段，蜀桧对称栽植。

从中央分隔带整体绿化效果来看，该配置方式满足行车安全要求，能起到遮光防眩、引导视线和改善景观的作用，且不影响高速公路的气势；通过地被植物、草坪的合理立体布置，花灌木的不同花期、花色以及叶色变化，同时以常绿草坪为背景，可以减弱蜀桧的单调感，增强美化效果。

（2）两侧预留带绿化

预留带绿化是建设绿色通道工程的主体，是景观环境再造，协调公路与周围环境关系的基本措施，绿化效果的好坏关系到高速公路的建筑美和景观美能否充分展现。这部分的绿化只有具有一定的规模，才能形成一道壮观的绿色风景线。预留带绿化设计要根据高速公路的线型特征及其他特点，表现出一种韵律感，植物配置应以行列式为主同时搭配大块面。

① 东侧预留带宽12～13m，以栽植水杉和雪松为主，配栽紫叶李、紫薇、碧桃以及地被植物，色彩较丰富，视觉效果较好。雪松是南京的市树，它驰名中外，行驶在机场高速公路上的中外旅客首先看到的是苍劲挺拔、浓郁翠绿的雪松，这会让他们感觉仿佛已身处南京。各种植物具体配置为落叶水杉栽植3行，株行距为2×1.5m；雪松栽植2行，在同一行中雪松的株距为12m，两行之间的间距为3m；落叶紫叶李单行3株1丛品字形栽植，丛距12m；在排水边沟的外侧设置1m宽的花带，以不同花期的木本花灌木和草本花卉进行分段重复布置，品种有杜鹃、栀子花、丝兰、月季、金钟、美人蕉、鸢尾等，每品种300～400m 1段；林下遍植白三叶。

② 西侧预留带较窄，宽度仅4～5m，考虑到与东侧绿化设计尽可能对称，除因绿化用地不足而不栽植水杉外，雪松、紫叶李（2株1丛）、紫薇或碧桃、花带均采用单行布置，株距为6m，林下遍植白三叶。花带同东侧对称。

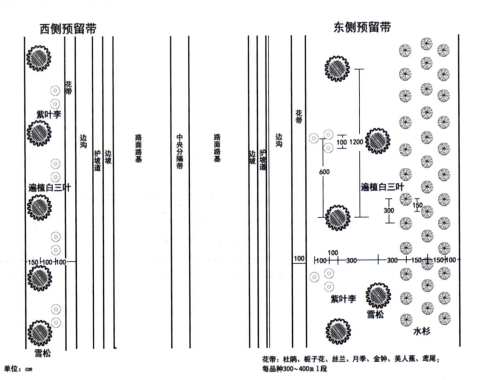

两侧预留带绿化设计

案例三："绿"为底色，"红"为特色——分车绿带设计流程

"绿"为底色，"红"为特色——分车绿带设计流程

设计主题： 喜迎国庆

设计目的： 优化绿化景观效果，营造喜庆的节日气氛

设计对象： 长200m、宽3m的分车绿带

设计流程： 确定植物类型、种植形式、搭配形式

技能实训

任务1　调研道路绿地植物

一、任务书

选取所在城市周边道路绿地进行现场调研并撰写调研报告，调研报告格式如下。

某市某路绿地植物调研报告

（一）导言

① 调研时间：

② 调研地点：

③ 调研方法：

④ 考察内容：

⑤ 调研目的：

（二）基本情况介绍

（三）调研情况介绍

① 植物类型（见表4.3）

表4.3　植物调研表

序号	植物名称	生长类型	规格	单位	数量	长势	位置
1							
2							
3							
……							

② 植物搭配形式

（四）调研总结

二、任务分组

三、任务准备

① 结合学生的特点和优势（语言表达能力、植物辨识能力、信息素养）

学生任务分配表

对学生进行分组，每组4～5人。

② 阅读任务书，复习植物的生长类型分类、植物种植形式、道路绿地植物设计的相关知识。

四、成果展示

五、评价反馈

南京市老城区道路
植物景观调研报告

学生进行自评，评价自己是否完成道路绿地植物信息的提取，有无遗漏。教师对学生的评价内容包括：书写是否规范，书写内容是否出自实训、是否真实合理，阐述是否详细，认识和体会是否深刻，植物调研内容是否完整，是否达到了实训的目的。

① 学生进行自我评价，并将自评结果填入表4.4所示的学生自评表中。

表4.4　学生自评表

班级： 组名： 姓名：			
学习模块	道路绿地植物设计		
任务1	调研道路绿地植物		
评价项目	评价标准	分值	得分
书写	规范、整洁、清楚	10	
导言	按照报告格式要求中的导言要求撰写	10	
基本情况	掌握道路绿地的总体介绍	10	
调研情况	掌握道路断面形式、植物种类	20	
调研总结	对调研情况做出总结和评价，分析优缺点	10	
工作态度	态度端正，无无故缺勤、迟到、早退现象	10	
工作质量	能按计划完成工作任务	10	
协调能力	与小组成员、同学能合作交流，协调工作	5	
职业素养	能做到实事求是、不抄袭	10	
创新意识	能够对道路绿地植物调研进行创新分析	5	
合计		100	

② 学生以小组为单位，对任务1的完成过程与结果进行互评，将互评结果填入学生互评表中。

③ 教师对学生在工作过程中的表现与工作结果进行评价，并将评价结果填入表4.5所示的教师评价表中。将学生自评表、学生互评表、教师评价表的成绩进行汇总填入表4.6所示的三方综合评价表中，形成最终成绩。

学生互评表

表4.5　教师评价表

班级：　　　　　　　　　组名：　　　　　　　　　姓名：

评价项目		评价标准	分值	得分
学习模块		道路绿地植物设计		
任务1		调研道路绿地植物		
工作过程（60%）	书写	规范、整洁、清楚	5	
	导言	按照报告格式要求中的导言要求撰写	5	
	基本情况	掌握道路绿地的总体介绍	5	
	调研情况	掌握道路断面形式、植物种类	15	
	调研总结	对调研情况做出总结和评价，分析优缺点	10	
	工作态度	态度端正，无无故缺勤、迟到、早退现象	5	
	协调能力	与小组成员、同学能合作交流，协调工作	5	
	职业素养	能做到实事求是、不抄袭	10	
工作结果（40%）	工作质量	能按计划完成工作任务	10	
	调研报告	能按照任务要求撰写调研报告	10	
	成果展示	能准确表述、汇报工作成果	20	
合计			100	

表4.6　三方综合评价表

班级：　　　　　　　　　组名：　　　　　　　　　姓名：

学习模块			道路绿地植物设计	
任务1			调研道路绿地植物	
综合评价	学生自评（20%）	小组互评（30%）	教师评价（50%）	综合得分

任务2　绘制道路绿地植物平面图

一、任务书

在任务1的基础上，选取1条路段绘制道路绿地植物平面图。

二、任务分组

三、任务准备

阅读任务书，复习苗木规格、景观植物的平面表示方法、平面图设计规范的相关知识，准备任务1中的调研报告、绘图软件与素材或工具。

学生任务分配表

四、成果展示

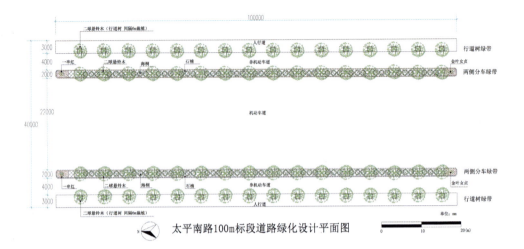

太平南路100m标段道路绿化设计平面图

五、评价反馈

学生进行自评，评价自己是否准确绘制道路绿地植物平面图，有无遗漏。教师对学生的评价内容包括：图纸是否规范，图纸内容是否出自实训、是否真实合理，苗木规格表是否详细，认识和体会是否深刻，图纸是否美观，是否达到了实训的目的。

① 学生进行自我评价，并将自评结果填入表4.7所示的学生自评表中。

表4.7　学生自评表

班级：	组名：		姓名：
学习模块	道路绿地植物设计		
任务2	绘制道路绿地植物平面图		
评价项目	评价标准	分值	得分
平面图	图纸内容与调研道路绿地中的植物设计内容一致	20	
植物标注	植物文字标注完整且与图例对应	10	
艺术表现	图纸美观	10	
图纸规范	标题、指北针、尺寸、图面整洁有文字说明	10	
工作态度	态度端正，无无故缺勤、迟到、早退现象	10	
工作质量	能按计划完成工作任务	10	
协调能力	与小组成员、同学能合作交流，协调工作	10	
职业素养	能做到实事求是、不抄袭	10	
信息素养	能借助网络收集调研场地现状图纸	10	
合计		100	

② 学生以小组为单位，对任务2的完成过程与结果进行互评，将互评结果填入学生互评表中。

③ 教师对学生在工作过程中的表现与工作结果进行评价，并将评价结果填入表4.8所示的教师评价表中。将学生自评表、学生互评表、教师评价表的成绩进行汇总填入表4.9所示的三方综合评价表中，形成最终成绩。

学生互评表

表4.8 教师评价表

班级： 组名： 姓名：

学习模块		道路绿地植物设计		
任务2		绘制道路绿地植物平面图		
评价项目		评价标准	分值	得分
工作过程（60%）	平面图	图纸内容与调研道路绿地中的植物设计内容一致	15	
	植物标注	植物文字标注完整且与图例对应	10	
	艺术表现	图纸美观	10	
	图纸规范	标题、指北针、尺寸、图面整洁有文字说明	10	
	工作态度	态度端正，无无故缺勤、迟到、早退现象	5	
	协调能力	与小组成员、同学能合作交流，协调工作	5	
	职业素养	能做到实事求是、不抄袭	5	
工作结果（40%）	工作质量	能按计划完成工作任务	10	
	平面图	能按照任务要求绘制道路绿地植物平面图	10	
	成果展示	能准确表述、汇报工作成果	20	
合计			100	

表4.9 三方综合评价表

班级： 组名： 姓名：

学习模块		道路绿地植物设计		
任务2		绘制道路绿地植物平面图		
综合评价	学生自评（20%）	小组互评（30%）	教师评价（50%）	综合得分

模块小结

重点：道路绿地断面形式、中间分车绿带种植形式、行道树绿带设计、分车绿带植物搭配。

难点：方案构思。

综合实训

道路绿地植物设计

（1）实训目的

通过城市道路绿地设计训练，达到以下目的。

① 掌握道路绿地的相关概念、道路绿地断面形式、道路绿地的植物种植形式。

② 掌握行道树树种的选择要求。

③ 掌握道路绿化的层次、结构、色彩搭配。

④ 掌握道路绿地设计的基本原理、植物配置的科学性与艺术性。

（2）实训内容

选择所在地的道路绿地，做模拟道路绿地植物设计。道路东西向，为四板五带式，道路红线内路面宽度为31m。其中，人行道宽3m，非机动车道宽3m，两侧分车绿带宽2m，中间分车绿带宽5m，机动车道宽10m。选取150m道路作为标段进行设计。

（3）设计要求

① 道路绿地设计形式既要符合当地实际情况，能突出道路绿地的功能，又要能起到美化道路的作用。

② 合理搭配乔灌木和地被植物。

③ 绿篱、地被、草坪、色块、灌丛等的表示方法要正确，不能用单株植物的图例来表示。

④ 设计说明要求语言流畅、言简意赅，能准确地对图纸内容进行补充，体现设计意图。设计说明内容主要包括：基本概况，如地理位置、生态条件、设计面积、周围环境等；设计指导思想和基本原则；等等。

⑤ 图面表现能力：能满足设计要求；构图合理；清洁美观；线条流畅；图例、比例、指北针、设计说明、图幅等要素齐全，且符合制图规范；色彩搭配合理。

（4）实训成果

① 植物设计图（包括平面图、苗木表、立面图、剖面图）及苗木规格表。

② 与设计图相符的植物设计说明书。

③ 实训成果汇报PPT。

知识巩固

班级：_____　姓名：_____　成绩：_____

一、填空题（每空5分，共35分）

1.（　　）是指规划城市道路（含居住区级道路）用地的边界线。

2.（　　）是指道路红线范围内的带状绿地。

3. 位于上、下行机动车道之间的分车绿带叫（　　）。

4.（　　）是指道路红线范围内各种绿带宽度之和占总宽度的百分比。

5. 道路红线宽度在40～50m，其道路绿地率不得小于（　　）。

6. 已知道路红线的总宽度是30m，其中，中间分车绿带宽2m、两侧分车绿带宽1.5m、行道树绿带宽1m，则道路绿地率是（　　）。

7. 为了便于行人过街，分车绿带应适当分段，长度一般以（　　）为宜。

二、单选题（每题5分，共10分）

1. 被人行道或出入口断开的分车绿带，端部需采取（　　）栽植形式，即在端部的绿地上配置的树木，在距相邻机动车道路面0.9～3.0m的高度范围内，树冠不应遮挡驾驶员的视线。

A. 通透式　　　B. 封闭式　　　C. 垂直式　　　D. 遮挡式

2．城市道路植物配置树种选择的（　　　）原则，是指分别选择适合当地立地条件的树种。

    A．适地适树   B．科学   C．因地制宜   D．以人为本

三、多选题（每题5分，共25分）

1．道路绿地断面形式主要有（　　　）。

    A．一板两带式   B．两板三带式   C．三板四带式   D．四板五带式

2．中间分车绿带的植物种植形式有（　　　）。

    A．乔木＋草坪草

    B．乔木＋常绿灌木绿篱

    C．乔木＋灌木/常绿绿篱＋草本花卉/草坪草

    D．乔木

3．在设计分车绿带时，植物配置需遵循的原则主要有（　　　）。

    A．形式简洁   B．树形整齐   C．排列一致   D．花色丰富

4．当两侧分车绿带的宽度小于1.5m时，绿带应种植（　　　）。

    A．灌木   B．乔木   C．地被植物   D．草坪草

5．行道树是城市道路植物景观的基本形式，其主要功能是为行人和驾驶非机动车的人遮阴，其种植方式主要有（　　　）。

    A．自然式   B．树带式   C．树池式   D．混合式

四、判断题（每题2分，共10分）

1．（　　）红线宽度小于40m的道路绿地率不得小于30%。

2．（　　）为了便于行人过街，分车绿带应适当分段，并尽可能与人行横道、停车站、公共建筑的出入口相结合。

3．（　　）四板五带式适用于机动车流量不大的次干道、城市支路和居住区道路。

4．（　　）为了保证交通安全和方便树木的种植养护，在分车绿带上种植乔木时，其树干中心至机动车道路缘石外侧的距离不能小于0.75m。

5．（　　）在车流量比较大，行人多而人行道又狭窄的街道上，行道树宜采用树带式的种植方式。

五、简答题（每题10分，共20分）

1．行道树的种植方式有哪些？列举当地常用的行道树（不少于8种）。

2．列举两种2.5m宽的两侧分车绿带的植物搭配形式。

1. 树池

树池是最常见的景观小品之一，最初是为了保护栽植于硬质场所或人类活动密集区的树木而设立的，其主要功能为保护树木。在现代景观设计中，树池则作为一种占地面积较小的绿化措施被广泛应用于街道、公园、广场、居住区、商业街等场所中。树池也常常与座凳、水体、铺装等结合形成特色景观。

树池，让树木不再单调

树池与座凳结合

树池与水体结合

（1）分类

① 按围合形状，树池可分为规则式树池、不规则树池。规则式树池的围合形状多为正方形、多边形、梅花形、圆形等；不规则树池常具有独特的观赏面，其围合形状有贝壳形、异形等。

② 按功能，树池可分为座凳树池、移动树池、交通岛树池、装饰性树池。

③ 按处理方式，树池可分为硬质树池、软质树池、软硬结合树池。

④ 按建造材料，树池可分为鹅卵石树池、花岗岩树池、木质树池、铸铁树池。

⑤ 按池缘与路面的高差，树池可分为平树池、高树池、矮树池。

（2）应用

① 人行道。树池最常见于人行道中。人行道中的树池多为正方形。最常见树池大小为1.25m×1.25m，行道树种植在等距的树池中。

② 广场。广场中的高树池常规则地分布在广场的四周，可丰富立面景观。广场空间较规整，正方形、长方形等形状的树池能很好地与其他要素融合。树池的尺寸在满足审美要求的前提下应尽量大些，高度以30～45cm为宜，这样可以满足行人纳凉休息的需求。

③ 商业步行街。商业步行街由于人流量较大，故在树池的应用上，有些细节在设计中不容忽视，如为了透水，树池盖板会有不同的镂空纹饰，这使得穿高跟鞋的女士行走不便，尤其是较大的空隙易卡住高跟鞋，因此要综合考虑空隙的尺寸，此外还可用透水性材料做成盖板来解决这个问题。砌筑高树池能够分隔空间，引导行人。池内如适当栽植色彩鲜艳的花卉，还能提高观赏价值。

④ 庭院。树池在庭院中的应用也十分广泛。一般为避免庭院铺装地过于单调，宜设置供人休憩的座凳树池，以形成视线焦点。树池中可以适当地配置乔灌木，假山石也可适当地布置于其中，以增强趣味性。此外，也可以用乔、灌木围合形成的树池来营造私密空间，同时高大的乔木有利于庇荫。

2. 绿道

（1）定义

根据住房和城乡建设部印发的《绿道规划设计导则》，绿道是以自然要素为依托和构成基础，串联城乡游憩、休闲等绿色开敞空间，以游憩、健身为主，兼具市民绿色出行和生物迁徙等功能的廊道。从狭义上讲，绿道就是以绿化为标志，满足人们休闲、运动等功能需求的慢行道路系统。

杭州市樱花绿道

浙江省环千岛湖绿道

武汉东湖绿道局部平面图

城市中的绿道植物景观是指运用乔木、灌木、藤本植物以及草本植物等元素，通过艺术设计手法，充分利用植物的形体美、线条美、色彩美等自然美，或者通过把植物整形修剪成一定形体而创作出的植物景观。它是一种线形的绿色开敞空间，在低碳交通、低碳旅游和引领低碳生活等方面可以发挥着重要作用。

绿道让城市可居可游——绿道的植物景观营造

（2）绿道中的植物类型

绿道中的植物尽量选取当地常见的品种。以华东地区为例，可以选用的乔木包括枫杨、水杉、落羽杉、黄山栾树、榉树等；可以选用的果树包括杨梅、柿树、枇杷等；地被植物主要选择生命力旺盛并有巩固河堤功能的草本植被，如芦苇、芦竹、狼尾草、蒲苇等；还可以选择价格低廉、易维护的撒播野花组合。

（3）绿道中的植物配置模式

① 香樟+银杏—海桐—麦冬。

② 枫香—南天竹+金叶女贞+海桐—常春藤。

③ 棕榈+罗汉松—紫薇+铺地柏十红叶石楠+月季—葱兰。

④ 合欢+香樟+木芙蓉—杜鹃—狗牙根+时令花卉。

⑤ 雪松+棕榈—杜鹃+海桐+枸骨+金叶女贞—狗牙根+葱兰。

⑥ 香樟+广玉兰+罗汉松—红枫+紫薇+杜鹃+龟甲冬青—狗牙根。

⑦ 香樟+广玉兰—木槿+石榴+苏铁+金叶女贞。

⑧ 广玉兰—山茶+苏铁+月季+小叶栀子—紫鸭跖草+麦冬。

⑨ 香樟+紫叶李+紫荆—苏铁+小叶黄杨+四季桂+茶梅+金叶女贞+月季+龟甲冬青—八角金盘+小叶栀子。

3. 常用行道树

常用行道树一览表

学习反思

_____

_____

_____

_____

_____

_____

_____

_____

_____

_____

_____

学习模块五　别墅庭院植物设计

学习导读

　　随着时代的发展，别墅已成为人们更高层次的生活品质追求之一，植物作为景观要素的核心内容之一，在别墅庭院景观营造中起着重要的作用，如何合理地利用植物美化庭院，营造优美和谐的庭院景观，是植物设计师的首要任务。本学习模块共10课时：知识储备和技能实训各5课时。知识储备部分主要讲解别墅庭院概述、不同风格的别墅庭院植物设计、别墅庭院项目设计流程、总结和拓展。技能实训部分设置了两个学习任务：调研庭院植物、绘制庭院植物平面图。学生应重点掌握庭院空间组成与作用，庭院空间不同组成部分的植物景观设计，不同风格庭院的主要设计元素、植物设计要点以及常用植物类型，庭院现状调查与分析、植物功能分区、庭院植物种植设计。

学习目标

※ 素质目标

1. 团队协作、合理分工、有责任心。
2. 清晰阐述设计思路、交流设计思想。
3. 树立为人民服务的意识。
4. 培养精准分析、细化设计的习惯。

※ 能力目标

1. 正确选择庭院植物类型。
2. 检索与阅读庭院植物设计资料。
3. 识读与分析庭院植物设计图纸。
4. 进行庭院植物设计。
5. 编制庭院植物设计说明。

※ 知识目标

1. 了解别墅庭院的基础知识。
2. 陈述庭院风格。
3. 归纳庭院的主要设计元素、植物设计要点和常用植物类型。
4. 分析庭院现状。

思维导图

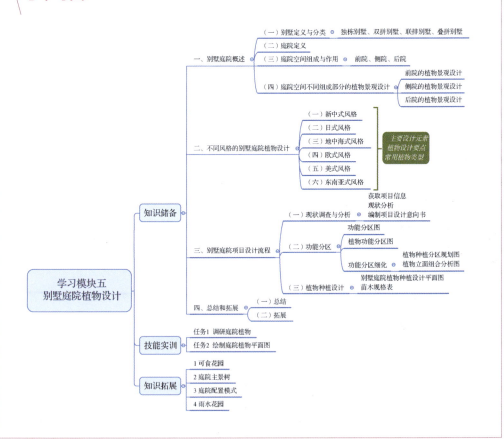

一、别墅庭院概述

（一）别墅定义与分类

别墅庭院的基础
知识

1. 定义

根据《民用建筑设计术语标准》，别墅是指带有私家花园的独立式低层住宅。

2. 分类

别墅根据建筑的形式可分为4类：独栋别墅、联排别墅、双拼别墅、叠拼别墅。别墅的分类、定义及景观特征如表5.1所示。

别墅分类

表5.1　别墅的分类、定义及景观特征

类型	定义	景观特征
独栋别墅	独门独院，上有独立空间，下有私家花园，是私密性极强的单体别墅	庭院独立，一般绿化面积较大，是真正的私家庭院
联排别墅	由几幢少于3层的单户别墅并联组成的联排住宅，一排2～4层相连，每几个单元共用外墙，有统一的平面设计和独立的门户	庭院面积相对较小，一般只有前院和后院
双拼别墅	联排别墅与独栋别墅的中间产品，是由两个单元的别墅并联组成的别墅	相较于联排别墅，采光面增加，通风性增强，庭院空间比较宽阔，相对独立
叠拼别墅	由多层的复式住宅上下叠加在一起组合而成，一般为4层带阁楼建筑	私密性差，私属庭院面积较小，大多数为不封闭或半封闭形式，一般下层为花园，上层为屋顶花园

（二）庭院定义

庭院是指被围合的三维空间，该三维空间的范围是指建筑本身或建筑及其周边场地，而围合的形式、元素多种多样。用于围合的元素有围墙、绿篱、自然高差、建筑物等。一般认为，庭院是建筑的附属场地，是建筑的室外延伸，是室外空间和室内空间的过渡空间，它被赋予许多功能，可以作为室外绿色空间，同时也需要满足人们的室外活动需求。

南京九间堂庭院

（三）庭院空间组成与作用

庭院空间是一种具有独特构成特点的建筑空间。庭院空间的合理运用不仅能调节局部环境气候，构建良好的景观环境，也能在建筑整体空间的组织和空间气氛的营造方面发挥重要的作用。庭院空间的组成部分与作用如下。

1. 前院

前院主要起出入口的作用，它是进出别墅的通道，分为车行入口和人行入口。根据前院围墙的高度和种类，前院可以分为开放式前院、半开放式前院、封闭式前院。开放式前院一般设置矮的挡土墙和花坛；使用铁艺围墙的属于半开放式；使用高的实体围墙的属于封闭式前院。

2. 侧院

侧院是人们经过前院、不穿过别墅而去往别墅后院的通道，主要起交通作用。由于侧院不是出入口空间，也不是主要的活动场所，人们一般会把它当作储物空间来使用。所以侧院的主要作用一般是交通和储物。

3. 后院

后院是别墅主人和客人的主要活动场所，是人们停留时间最长的室外庭院空间。很多景观元素都设置在后院，比如木平台、水池、烧烤设备、室外壁炉、小品廊架、凉亭、花架、花坛、树池、桌椅、景墙、雕塑等。后院一般也是庭院空间中面积最大的部分，大多拥有较宽的草坪。

庭院空间组成示意图

（四）庭院空间不同组成部分的植物景观设计

1. 前院的植物景观设计

前院的植物景观设计应主要突出出入口景观，入口分为人行入口和车行入口。人行入口可对称种植落叶观花树种，如白玉兰、樱花、合欢等；车行入口可种植常绿树，如广玉兰。封闭式前院具有分户实体围墙，高度在2m左右，进行植物景观设计时要考虑植物对墙体的遮挡和对外面人群视线的遮挡；半开放式前院可以种植藤本攀爬植物；开放式前院可以考虑挡土墙和花坛的设置。

庭院的植物景观营造

别墅出入口

封闭围墙

关于围墙的遮挡，有很多种做法：采用绿篱，比如法国冬青绿篱、红叶石楠、四季桂、石榴、栀子花，高度可控制在1.8～2m；也可以采用修剪整齐的灌木球，如红叶石楠球、栀子花球、大叶黄杨球、茶梅球、海桐球等；还可以采用藤本植物，使其沿着围墙攀缘，如爬山虎、蔷薇、凌霄、木香、铁线莲等，从而达到遮挡围墙的目的。

铁艺围墙利用法国冬青遮挡

蔷薇沿着围墙攀缘

2. 侧院的植物景观设计

侧院的主要作用一般是交通和储物，所以人们在此停留的时间是比较短的。侧院一般比较狭长，可采用汀步或草径作为步道。种植区域主要是建筑与步道、步道和分户围墙之间的区域。乔木的主要作用是遮挡隔壁别墅住户的视线，可以列植常绿树种，或者在草径和汀步两侧错落地种植落叶乔木，让种植范围较窄的侧院起到较好的分户遮挡的作用。

银杏

刚竹

侧院种植区域　　　　　　　　　　　刚竹遮挡隔壁别墅住户视线

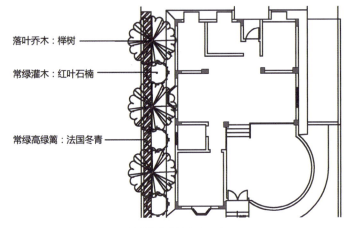

落叶乔木：榉树

常绿灌木：红叶石楠

常绿高绿篱：法国冬青

侧院植物种植方式示意图

3. 后院的植物景观设计

后院一般是主要的活动空间，各类硬质景观小品元素都设置在后院。如果面积足够大，还可设置开敞草坪。

后院的开敞草坪

（1）后院角点的植物景观设计

在后院角点处点植乔木，对把控整个后院种植空间、保证后院的私密性起着极其重要的作用。如果后院角点的种植空间较大，可以2～3棵为群组来设计。在这里，造型优美的朴树、乌桕，饱满的广玉兰等树种是很好的选择；还可在角点处种植乔木，乔木下配植常绿灌木或者草本花卉，用以遮挡围墙的拐角。

2棵高大乔木的群组设计

在角点处种植广玉兰

后院角点的植物景观设计

（2）草坪边界与围墙之间的植物景观设计

在这个区域，主要是通过上层乔木、中层灌木、下层地被来创造复合植物群落。

首先，上层空间可以选择观花树种、庭荫树、色叶树等，如玉兰群植、樱花列植，点植无患子、银杏、红枫、青枫等色叶树。果树如杨梅树、柿树、橘树、香柚树等在庭院植物种植设计中也经常运用。处于上层大乔木和下层地被之间的中间层，是两者的过渡空间，主要用小乔木和灌木来丰富，如观花类紫荆、海棠、贴梗海棠、绣线菊、木绣球、结香等。常绿灌木多列植于墙根，点植于角点，对植于出入口、台阶的两侧等。下层地被离观赏者最近，可以用一种简单的地被植物铺满很大一块种植区域，也可以错落有效地种植很多种地被植物。

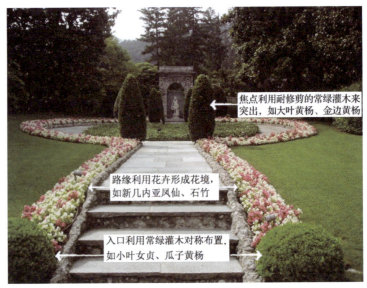

焦点利用耐修剪的常绿灌木来突出，如大叶黄杨、金边黄杨

路缘利用花卉形成花境，如新几内亚凤仙、石竹

入口利用常绿灌木对称布置，如小叶女贞、瓜子黄杨

常绿灌木台阶两侧对植

下图所示的某别墅庭院的植物种植设计图中，大乔木有香樟、石楠、银杏、榉树，小乔木有红花玉兰、紫薇、金桂、紫荆、淡竹，常绿灌木有红花檵木球、油茶，常绿地被植物有草鹃、八角金盘、云南黄馨、石蒜、麦冬、金边黄杨、花叶长春蔓、南天竹，落叶地被植物有美人蕉、棣棠，围墙周边选择法国冬青作为高绿篱围合。此设计图充分考虑了常绿植物与落叶植物的结合，木本地被与宿根花卉的结合。（电子图纸在网盘下载）

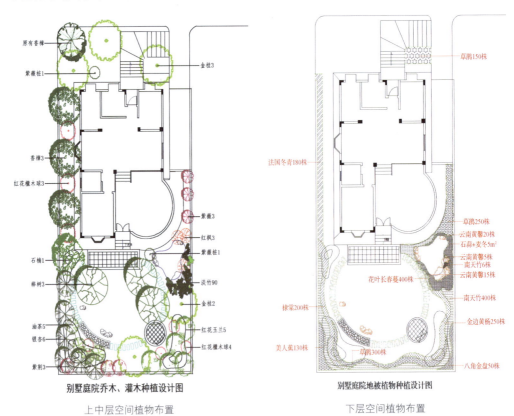

原有香樟		金桂3
紫薇桩1		
香樟3		
红花檵木球3		
		紫薇3
		红枫3
		紫薇桩1
石楠1		淡竹90
榉树3		
		金桂2
油茶5		红花玉兰5
银杏6		
紫荆3		红花檵木球4

别墅庭院乔木、灌木种植设计图

上中层空间植物布置

草鹃150株

法国冬青180株

草鹃250株
云南黄馨20株
石蒜+麦冬5m²
云南黄馨5株
南天竹6株
云南黄馨15株

花叶长春蔓400株

南天竹400株

棣棠200株

金边黄杨250株

美人蕉130株

草鹃300株

八角金盘50株

别墅庭院地被植物种植设计图

下层空间植物布置

148

（3）其他景观元素周边的植物景观设计

花钵对称布置，种植时令花卉

规则式水池用花钵点缀

睡　莲

水生植物：睡莲

种植箱

种植箱

围墙悬挂种植箱

围墙悬挂种植箱

花叶络石

用花叶络石点缀水景雕塑

旱伞草盆栽

旱伞草盆栽

二、不同风格的别墅庭院植物设计

　　一般来讲，别墅庭院植物的设计风格取决于别墅的风格。当然，别墅庭院植物的设计风格也要根据业主的喜好确定。根据别墅的建筑风格及近几年别墅景观的流行趋势，别墅庭院植物的设计风格主要有以下6种：新中式风格、日式风格、地中海式风格、欧式风格、美式风格、东南亚式风格。下面分别对这6种风格进行简单的介绍。

不同风格的别墅庭院植物设计

（一）新中式风格

当传统遇上现代——走进新中式庭院，领略植物之美

新中式庭院

新中式庭院设计元素1

新中式庭院设计元素2

1. 主要设计元素

新中式庭院的主要设计元素有水池、假山、木质铺地等。

2. 植物设计要点

新中式庭院通常需选择具有一定象征意义的植物种类。例如，荷花象征纯洁、清高，桂花象征富贵，梅花象征希望和勇气，竹象征高尚的气节；玉兰、海棠、牡丹、桂花相配植，可营造"玉棠富贵"的意境。这类庭院在植物形态上追求自然，很少修剪整形。

3. 常用植物类型（见表5.2）

表5.2 新中式庭院常用植物类型

常绿乔木	松、竹、桂花、枇杷、白皮松、香樟、女贞、广玉兰、雪松、乐昌含笑、楠木、深山含笑
落叶乔木	榉树、银杏、梅、碧桃、原生玉兰、海棠类、柿树、垂柳、刺槐、国槐、水杉、黄葛树、白蜡、悬铃木、杜英、合欢、枫香、榆树、栾树、喜树、重阳木、红枫、樱花类、五角枫、乌桕、紫薇、紫叶李、石榴、木芙蓉、紫荆
常绿灌木	栀子花、含笑、山茶、杜鹃
落叶灌木	迎春、牡丹、蜡梅
藤本	爬山虎、络石、常春藤、紫藤、木香、牵牛花、茑萝、蔷薇
草花	芭蕉、美人蕉、荷花、睡莲、水仙、鸢尾、芍药
草坪草	黑麦草、草地早熟禾、细叶结缕草、马蹄金、狗牙根、高羊茅

（二）日式风格

日式庭院

日式庭院设计元素1　　　　　　　　　　日式庭院设计元素2

1. 主要设计元素

日式庭院的主要设计元素有绿苔、青石、竹、洗水钵、景墙、白砂、石灯笼等。

2. 植物设计要点

常绿树较多，如日本黑松、红松、雪松、罗汉松、花柏、厚皮香等；落叶树有银杏、槭树、红枫等；还有开花的樱花、梅花、杜鹃、八仙花等，并常使用草坪作为陪体。早期日式庭院中常见整形修剪的树木，但现代日式庭院以自然式树木居多。

3. 常用植物类型（见表5.3）

表5.3　日式庭院常用植物类型

常绿乔木	南洋杉、柳杉、龙柏、红豆杉、榉树、日本花柏、日本扁柏、月桂、石楠、铁冬青、山茶、女贞、冬青、厚皮香、杨梅、桂花、罗汉松、日本五针松
落叶乔木	金钱松、水杉、池杉、梧桐、梅花、安息香、枫树类、木瓜、麻栎、光叶榉、日本辛夷、樱花类、紫薇、白桦、山茱萸、紫荆、玉兰类、海棠类、四照花、羽扇枫、日本紫茶
常绿灌木	刺柏、矮紫杉、铺地柏、桃叶珊瑚、小叶黄杨、栀子花、瑞香、十大功劳、杜鹃、海桐、龟甲冬青、八角金盘、圆柏、南天竹、马醉木、红桎木
落叶灌木	八仙花、金雀儿、金丝桃、麻叶绣线菊、卫矛、胡颓子、木槿、紫珠、木芙蓉、连翘、金钟、锦带花、铁梗海棠、棣棠、笑靥花
竹类	慈竹、佛肚竹、罗汉竹、紫竹、琴丝竹、楠竹、凤尾竹、斑竹、孝顺竹
藤本	蔷薇、紫藤、葡萄、金银花、常春藤、九重葛、爬山虎
草花	菊花、银莲花、长春花、百里香、紫唇花、洋甘菊、唐菖蒲、荷花、睡莲、旱伞草、苔藓类、蕨类、葱兰、美人蕉、玉簪、麦冬、金边阔叶麦冬、沿阶草、一叶兰、富贵草、大吴风草
草坪	狗牙根、细叶结缕草、剪股颖、草地早熟禾、马蹄金

（三）地中海式风格

地中海式庭院设计元素1

地中海式庭院设计元素2

1. 主要设计元素

地中海式庭院的主要设计元素有砖红色的门、纹理粗糙的墙体、花朵明艳的草本植物、铁艺桌椅、水池、喷泉、砖红色的陶罐、瓷砖铺地等。

2. 植物设计要点

具有亚热带风情的园林景观必须配置大量的棕榈科植物和色彩绚丽的花灌木，以及地上、墙上、木栏上处处可见的花草藤木，植物空间层次分明。

3. 常用植物类型（见表5.4）

表5.4　地中海式庭院常用植物类型

常绿乔木	柑橘、羊蹄甲、榕树、橄榄、木麻黄、银桦、桉树、白兰花、南洋杉、蒲桃、桂花、黑壳楠、楠木、广玉兰、夹竹桃、白千层、红千层、台湾相思、石楠、日本珊瑚树
落叶乔木	蓝花楹、凤凰木、梧桐、合欢、榆树、榔榆、黄葛树、刺槐、鹅掌楸、重阳木、紫荆、紫叶李、紫薇、白玉兰、紫玉兰、黄玉兰、二乔玉兰
常绿灌木	丝兰、刺柏、三角梅、茉莉、春鹃、夏鹃、西洋鹃、山茶、茶梅、海桐、蚊母、四季桂、含笑、十大功劳、枸骨、大叶黄杨、雀舌黄杨、苏铁、栀子、红花檵木、黄金叶、小叶女贞、毛叶丁香、火棘、六月雪、变叶木、双色茉莉、棕榈、蒲葵、王棕、假槟榔、棕竹、袖珍椰子、散尾葵、鱼尾葵、针葵、大王椰子、国王椰子
落叶灌木	八仙花、无花果、月季、棣棠、木槿、金丝桃、石榴、紫叶小檗、黄刺玫、木本绣球、扶桑、夜来香、茉莉、非洲茉莉
藤本	紫藤、蔷薇、九重葛、油麻藤、常春藤、凌霄、三角梅、炮仗花
草花	薰衣草、鸢尾、金莲花、马鞭草、牵牛花、天竺葵、唐菖蒲、千屈菜、旱伞草、水葱、睡莲、仙人掌、蟹爪兰、仙人指、玉树、白琥
草坪	沿阶草、剪股颖、野牛草、草地早熟禾、细叶结缕草、狗牙根、马蹄金

（四）欧式风格

欧式庭院设计元素1

欧式庭院设计元素2

1. 主要设计元素

欧式庭院多为对称布局，在大面积的草坪上用灌木和花卉组合成各种纹理图案，还有平静的水池、精致的喷泉和大量花卉，同时在造型树边缘种植时令鲜花。

2. 植物设计要点

欧式庭院中有修剪整齐的灌木和模纹花坛，色彩简单，花坛里只种颜色单一的同种植物，植物类型大多为观叶类、灌木类。花坛略带色彩，花卉十分稀少。整个庭院中植物种类较少，季相变化不明显，给人一种高度统一感和规整美。

3. 常用植物类型（见表5.5）

表5.5　欧式庭院常用植物类型

常绿乔木	雪松、南洋杉、柳杉、罗汉松、湿地松、香樟、榕树、水晶蒲桃、桂花、楠木、天竺桂、侧柏、千头柏、珊瑚树、石楠、日本珊瑚树
落叶乔木	七叶树、梧桐、枫树、水杉、池杉、银杏、鹅掌楸、悬铃木、榆树、黄葛树、蓝花楹、杜英、紫叶李、玉兰类、樱花类、紫薇
常绿灌木	红花檵木、黄金叶、小叶女贞、金边六月雪、雀舌黄杨、瓜子黄杨、大叶黄杨、石楠、四季桂、含笑、海桐、枸骨、蚊母、栀子、丝兰、南天竹、珊瑚树、茶梅、山茶、春鹃、夏鹃、西洋鹃、黄花决明
落叶灌木	月季、黄刺玫、棣棠、紫叶小檗、锦带花、火棘
藤本	常春藤、紫藤、爬山虎、九重葛、凌霄
草花	郁金香、铁线莲、风信子、红花酢浆草、萱草、玉簪、紫叶酢浆草
草坪	剪股颖、狗牙根、结缕草、沿阶草

（五）美式风格

美式庭院

美式庭院设计元素1　　　　　美式庭院设计元素2

1. 主要设计元素

美式庭院的主要设计元素有躺椅、规则式泳池、凉亭等。

2. 植物设计要点

植物景观应营造出视野开阔的感觉，大乔木和草坪较多，小乔木应用不多。

3. 常用植物类型（见表5.6）

表5.6　美式庭院常用植物类型

常绿乔木	雪松、广玉兰、香樟、羊蹄甲、银桦、榕树、桂花、白兰花、水晶蒲桃、女贞、黑壳楠、印度橡胶榕、楠木、天竺桂、石楠、枇杷、日本珊瑚树、夹竹桃
落叶乔木	梧桐、柳树、水杉、榆树、榔榆、二球悬铃木、枫香、喜树、槐树、黄葛树、银杏、合欢、重阳木、鹅掌楸、刺槐、蓝花楹、泡桐、杜英、白玉兰、紫玉兰、二乔玉兰、紫叶李、紫薇、樱花、碧桃、垂丝海棠、紫荆、木芙蓉、石榴、鸡爪槭
常绿灌木	山茶、茶梅、栀子、大叶黄杨、雀舌黄杨、红花檵木、黄金叶、小叶女贞、毛叶丁香、春鹃、夏鹃、西洋鹃、四季桂、洒金桃叶珊瑚、双色茉莉、金边六月雪、萼距花、鹅掌柴、十大功劳、南天竹、蚊母、含笑、海桐
落叶灌木	月季、贴梗海棠、木槿、花石榴、紫叶小檗
藤本	三角梅、紫藤、爬山虎、蔷薇、油麻藤、常春藤
草花	萱草、沿阶草、阔叶麦冬、鸢尾、菊花、风信子、郁金香、喇叭水仙、葱兰、美人蕉、唐菖蒲、凤仙花、三色堇、紫茉莉、一串红、雏菊、金盏菊、波斯菊、百日草
草坪	剪股颖、野牛草、草地早熟禾、细叶结缕草、狗牙根

（六）东南亚式风格

东南亚式庭院设计元素1　　　　　东南亚式庭院设计元素2

1. 主要设计元素

东南亚式庭院的主要色彩为原木色，材料为藤、麻等具有原始纹理的材料，用色为暖黄色和深咖啡色。此外游泳池搭配凉亭、遮阳伞搭配休闲躺椅等也是其主要设计元素。

2. 植物设计要点

要点在于构建热带雨林效果，植物以热带棕榈及攀藤植物为佳，还有椰子树、绿萝、铁树、橡皮树、鱼尾葵、波罗蜜等，地被植物多为喜阴植物，如蜘蛛兰、春羽。

3. 常用植物类型（见表5.7）

表5.7　东南亚式庭院常用植物类型

常绿乔木	棕榈科植物（棕榈、蒲葵、王棕、假槟榔、棕竹、袖珍椰子、散尾葵、鱼尾葵、针葵、大王椰子、国王椰子）、凤凰木、鸡蛋花、木棉、刺桐、苏铁、热带水果类
落叶乔木	大花紫薇、黄槐
常绿灌木	鹅掌柴、栀子花、花叶良姜、黄金榕、红背桂、万年青
藤本	炮仗花、三角花、凌萝、牵牛花
草花	旅人蕉、文淑兰、鸢尾、仙人掌科、龙船花、彩叶草、吊竹梅、冷水花、马蹄莲、鸟巢蕨、肾蕨、龟背竹、王莲、睡莲、绿萝、蟛蜞菊、虎尾兰、剑兰、蝴蝶兰、君子兰
草坪	沿阶草、剪股颖、野牛草、草地早熟禾、细叶结缕草、狗牙根、马蹄金

三、别墅庭院项目设计流程

别墅庭院植物设计
流程

在景观设计中，植物与建筑、水体、地形具有同等重要的作用。因此，在别墅庭院的设计过程中应该尽早考虑植物设计，并且应按照现状调查与分析、功能分区、植物种植设计的流程（见表5.8）将其落实。

表5.8　别墅庭院植物设计流程

别墅庭院植物设计流程	现状调查与分析	获取项目信息
		现场状况分析
		编制项目设计意向书
	功能分区	功能分区图
		植物功能分区图
	植物种植设计	功能分区细化
		植物初步设计
		植物详细设计

下面以某别墅庭院为例，介绍别墅庭院植物设计的整个流程。

（一）现状调查与分析

读懂客户——如何获取别墅庭院项目信息

1. 获取项目信息

表5.9展示了设计师在和甲方沟通时获取的一些信息。

表5.9　项目信息表

基本信息			
项目类别	☑别墅庭院 □屋顶花园 □公共景观 □其他		
期望风格	□欧式风情 □乡村田园 ☑现代简约 □中式山水 □日式禅风 □东南亚风情 □其他		
功能要求	□健身 □烧烤 ☑观赏 □宠物 ☑园艺 ☑休闲 ☑聚会 ☑停车 □其他		
布局形式	□规则式 ☑混合式 □自然式		
庭院元素			
平台	☑休闲木平台 ☑硬质铺装平台		
园路	□花岗岩园路 □砖铺园路 □板岩园路 □卵石园路 □木质园路 □汀步园路		
水景	□游泳池 □锦鲤池 □跌水墙 □喷泉 □小溪 □旱溪		
木景	□廊架 □凉亭 □花架 □花格 □栅栏 □木质平台 □扶手 ☑树池		
围合	□铁艺门 ☑门柱 □围栏		
小品	☑雕塑 ☑秋千架 ☑遮阳伞 □户外家具 □烧烤台 □石灯笼 □陶罐		
灯光	☑庭院灯 ☑草坪灯 □地埋灯 ☑水下灯 □壁灯 ☑吊灯		
绿化	植物类型	☑草坪 ☑灌木 ☑草花 ☑果树 ☑小乔木 ☑大乔木 ☑主景树	
	草坪类型	☑观赏开阔草坪 □疏林草地 ☑疏林花地	
重要信息			
项目地址	略	项目面积	庭院面积590m²
姓名	略	电话	略
补充情况			
现场状况			
主要参数	绿地率	60%	植物数量		植物规格	
设计期限		造价	
甲方信息	居住人群	父亲、母亲、儿子、4位老人	
	职业	父亲从商、母亲全职	
	爱好及颜色喜好	父亲：喜爱品茶，喜欢蓝色 母亲：喜欢烹饪，喜欢花卉，喜欢红色、绿色 儿子：初中生，喜欢户外活动 4位老人：都在70岁以上，都会到家里暂住，老人们喜欢园艺栽培、打太极、棋牌类活动	
	庭院使用时间	白天、晚上	
	庭院预期	经常在庭院中休息、交谈，开展一些小型休闲活动，希望能够种点儿花或者种点儿菜，能够有开放的空间举行家庭聚会，能够看到很多绿色植物，一年四季都能够享受到充足的阳光	
	设计要求	希望开辟园艺栽植区，主人能够自己栽植一些喜欢的园艺植物。有足够的举行家庭聚会的空间，在庭院中能够看到绿草、鲜花、果树，能从室内看到室外优美的景色，整个庭院安静、温馨，使用方便，尤其要方便老人的活动	

在获取项目信息时，设计师可以提供一些已完成的别墅庭院实景图片、植物景观搭配

图片等供甲方参考，这样更便于了解甲方的意图。

2. 现状分析

根据甲方提供的图纸，该别墅属于独栋别墅，坐北朝南。整个项目长31m，宽26.5m，总占地面积821.5m²，其中建筑占地面积233m²，庭院面积588.5m²。别墅的主入口位于南面，一条3m宽的混凝土车道从南面庭院主入口直通室内车库，东西两面是其他住户的宅基地，南北两面各有一条东西向的宽6m的车行道，别墅的西面有一条宽2m的人行道。别墅设计区域四周由2m高的围墙围合。在厨房的北面地下埋有水管、天然气管、电缆。从图中可以看出，庭院南面占地面积最大，其次是西面，庭院的东面和北面都是狭长的带状空间，占地面积较小。

有的放矢——如何对庭院现状进行分析

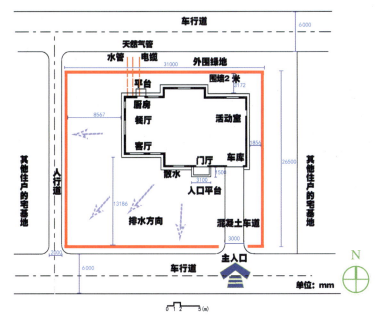

别墅庭院基地现状图

本项目中，住宅是形成基地局部气候的关键影响因素，所以应对住宅加以分析：住宅的南面光照最充足、日照时间最长，地势平坦、开阔，通风，适宜开展活动和设置休息空间，但夏季的中午和午后温度较高，需要遮阴。另外，为了延长室外空间的使用时间，提高居住环境的舒适度，室外休闲空间或室内居住空间应该保证充足的光照。因此，住宅南面的遮阴树应该选择分枝点高的落叶大乔木，这类乔木也有利于保持风道畅通，此处也要避免栽植常绿植物。

住宅的西面阳光充足，地势平坦、开阔，夏季炎热、干燥，冬季寒冷、多风，以西北风和北风为主，是风最多的地点。住宅的北面寒冷、多风、光照不足，地势低洼。住宅的东面日照时间较短，温度适宜，风较少。住宅的东西两面都是其他住户的宅基地，所以在植物设计上要考虑避免视野通透，可以选用分枝点低的大灌木或者中小乔木以形成相对私密的空间。

设置休息空间

落叶大乔木遮阴，保持风道畅通

中小乔木遮挡视线

高绿篱避免视野通透

根据图纸我们可以分析出，住宅中的风向有以下规律：一年中住宅的南面、西南面、西面、西北面、北面风较多，而东面风较少，夏季以南风、西南风为主，冬季以西北风和北风为主。因此，在住宅的西北面和北面应该设置由常绿植物组成的防风屏障；住宅的南面需要保持畅通的风道和开阔的视野；住宅的西南面临近人行道，需要设置视觉屏障；住宅的北面临近车行道，噪声较大，需要设置视觉屏障和隔音带；住宅的东面与其他住户相邻，需要设置视觉屏障。

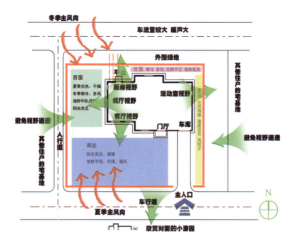

别墅庭院基地小气候分析图

在住宅墙角的基础栽植方面，首先要考虑不能遮挡阳光。住宅室内南面是客厅，甲方希望透过客厅的窗户能够欣赏外面的风景，所以南面需要保证视野通透。住宅东面的墙角光照时间有限，一般只有上午有阳光照射进来，所以应考虑选择耐半阴的植物。住宅东北角由于现在地势低洼，背面光照不足，所以要选择耐阴湿的植物。此外，厨房北面的这块小区域由于地下设有管线（水管、天然气管、电缆），所以一定要选择浅根性的耐阴植物。

根据风向，我们可以确定植物类型和植物的种植形式。住宅的西北角是冬季的主导风向，所以选择常绿植物群植的形式。住宅的南面是夏季的主导风向，为了保证室内空气的流通，所以选择灌木丛植的形式，同时局部点缀高大乔木以遮阴。

住宅西北角选用常绿植物群植

散乱布置常绿植物，会使布局杂乱

集中布置常绿植物，会使布局统一

常绿植物集中布置

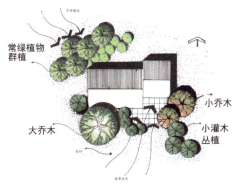

根据风向确定植物类型和种植形式

在树冠下种植灌木以充实空间

厨房北面的地下管线较多，因而这个区域要种植浅根性植物，如地被植物、草坪草、花卉等，避免栽植深根性植物。住宅北面紧邻车道，车流量大，有噪声，应在住宅边缘设置视觉屏障和隔离带，住宅的西面与其他住宅相邻，需要保持私密性。西南面原地形稍有起伏，是庭院的主要组成部分。住宅的东南面紧邻车道，需要设置视觉屏障和隔音带。

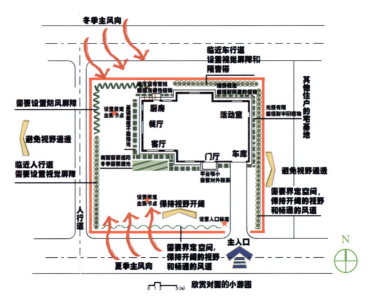

别墅庭院基地现状分析图

3. 编制项目设计意向书

对项目基地资料进行分析研究之后，设计师需要确定设计原则，并编制用以指导设计的项目设计意向书。以下为根据现状图纸及甲方信息编制的该项目的设计意向书。

某别墅庭院项目设计意向书

1. 设计原则和依据

（1）原则：美观、实用。

（2）依据：《居住区环境景观设计导则》《城市居住区规划设计标准》等。

2. 项目概况

该项目属于私人住宅，主要供家庭成员及亲友使用，使用人群较为固定，使用人数较少。

3. 设计风格

简洁、明快、中西结合。

4. 对基地条件及外围环境条件的利用和处理

（1）有利条件：地势平坦、视野开阔、日照充足。

（2）不利条件：外围缺少围合，外围交通对其影响较大，内部缺少空间分隔，交通不畅，缺少入口标志，缺少可供欣赏的景观。

（3）现有条件的使用和处理方法。

入口：需要设置标志。

东面：设置视觉屏障进行遮挡。

车道：铺装材料重新设计，注意其与入口空间之间的联系。

南面：设置主体景观、休息空间、交通空间，栽植观赏价值高的植物，利用植物遮阴，保持通风。

西面：设置防风屏障，创造景观，设置小菜园，设置工具储藏室，设置交通空间将前后院连起来。

5. 功能分区及面积分配

入口集散空间15m²，开敞草坪空间60m²，聚餐空间30m²，私密空间8m²，小菜园20m²，工具储藏室6m²。

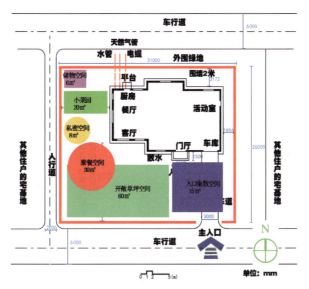

别墅庭院功能分区及面积分配

6. 设计时需要注意的关键问题

满足家庭聚会和欣赏景观的需求。

（二）功能分区

1. 功能分区图

本项目中，设计师根据项目信息、甲方的设计要求，将别墅庭院划分成了5个功能区，即入口区、集散区、活动区、休闲区、菜地区。

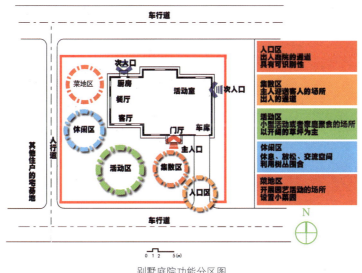

别墅庭院功能分区图

2. 植物功能分区图

在以上几个主要功能分区的基础上，植物主要分为8个区：植物防风屏障区、植物视觉屏障区、入口植物主景区、开阔平坦草坪区、房屋前后种植区、植物视觉隔音屏障区、植物空间围合区、园艺植物种植区。

别墅庭院植物分区设计

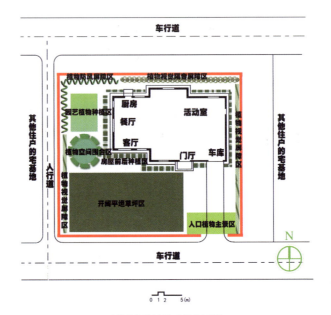

别墅庭院植物功能分区图

3. 功能分区细化

（1）植物种植分区规划图

结合现状分析结果，在植物功能分区图的基础上，应对各个功能分区继续分解，用符号标出各种植物的种植区域，绘制植物种植分区规划图。植物种植分区规划图主要确定植物是常绿的还是落叶的，是乔木、灌木、地被植物、花卉、草坪草中的哪一类，并不确定具体的植物名称。

（2）植物立面组合分析图

在植物种植分区规划图的基础上，分析植物的组合效果，绘制植物立面组合分析图，一方面可以确定植物的组合是否能形成优美、流畅的林冠线；另一方面也可以判断植物的组合是否能满足功能需求，比如私密性、防风等。

别墅庭院植物种植分区规划图

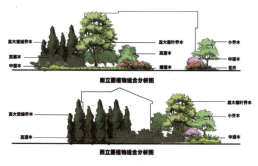

植物立面组合分析图

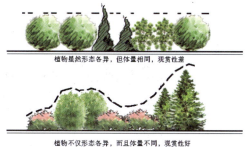

植物形态各异，形成流畅的林冠线

（三）植物种植设计

首先，确定孤植树。孤植树构成整个庭院景观的骨架和主体，需确定孤植树的位置、名称和规格。可在南面与客厅窗户相对的位置设置一棵孤植树，本方案选择合欢作为孤植树，合欢树冠呈伞形，夏季开粉色花。在入口处，选择栾树作为主要景观树，栾树夏季开黄花，秋季结红果。其次，确定配景植物。在南面窗户前栽植银杏，银杏可以保证夏季遮阴，冬季透光；在西南面栽植几棵鸡爪槭、红枫，与西面窗户形成对景；在入口铺装平台处栽植一棵桂花，形成视觉焦点和空间标志。接下来，选择其他植物（见表5.10）。

如何挑选合适的庭院主景树

表5.10　别墅庭院初步设计植物选择列表

常绿大乔木	北美香柏、日本柳杉
落叶大乔木	银杏、国槐、合欢、栾树
小乔木	鸡爪槭、红枫、紫薇、木槿、桂花、罗汉松、石榴
竹类	慈孝竹
高灌木	法国冬青、四季桂
中灌木	红叶石楠、大叶黄杨
矮灌木	杜鹃、贴梗海棠
花卉	花叶玉簪、萱草、红帽月季、红花酢浆草、时令蔬菜
地被	金边黄杨、金边麦冬、绣线菊
草坪	80%黑麦草+20%草地早熟禾

如下图所示，在主入口车行道两侧栽植红花酢浆草和红帽月季形成花境，住宅的东南面栽植慈孝竹以界定空间，通过紫薇、贴梗铁根海棠形成空间的过渡；住宅的东面栽植木槿，兼顾观赏和屏障功能；住宅的北面寒冷，光照不足，选择花叶玉簪、萱草等耐阴、耐寒植物；住宅的西北面利用北美香柏和日本柳杉构成防风屏障，并配置鸡爪槭、大叶黄杨、四季桂、红枫、罗汉松等观花观叶植物，与住宅西面建立联系；住宅的西面与人行道相邻的区域栽植法国冬青形成视觉屏障；住宅南面选用低矮的绣线菊，平坦的草坪中点缀合欢、贴梗海棠，形成开阔的视线和畅通的风道。

別墅庭院植物种植设计图

最后，在设计图纸中利用具体的图例标出植物的名称、种植位置，并编制苗木规格表（见表5.11）。

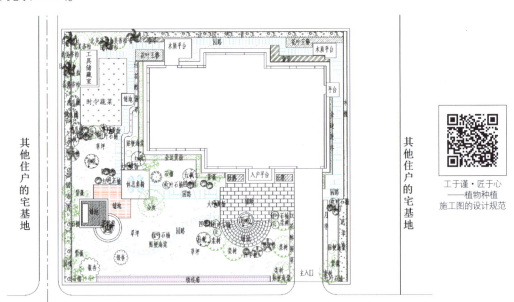

别墅庭院植物种植设计平面图

工于谨·匠于心
——植物种植
施工图的设计规范

表5.11　苗木规格表

序号	植物	图例	规格（Φ、H、P）	单位	数量	备注
1	合欢		$\Phi 10\sim 12cm$、$H4.0\sim 4.5m$	株	1	
2	栾树		$\Phi 10\sim 12cm$、$H4.0\sim 4.5m$	株	6	
3	银杏		$\Phi 7\sim 8cm$、$H3.5\sim 4.0m$	株	2	
4	国槐		$\Phi 10\sim 12cm$、$H5.5\sim 6.0m$	株	4	
5	北美香柏		$\Phi 10\sim 12cm$、$H5.5\sim 6.0m$	株	6	
6	日本柳杉		$\Phi 7\sim 8cm$、$H5.5\sim 6.0m$	株	4	
7	鸡爪槭		$\Phi 5\sim 6cm$、$H2.0\sim 2.5m$	株	4	
8	红枫		$\Phi 5\sim 6cm$、$H2.0\sim 2.5m$	株	3	
9	紫薇		$\Phi 3\sim 4cm$、$H1.5\sim 2.0m$	株	12	
10	桂花		$\Phi 7\sim 8cm$、$H2.5\sim 3.0cm$、$P2m$	株	3	
11	罗汉松		$\Phi 7\sim 8cm$、$H1.5\sim 2.0m$	株	4	
12	四季桂		$\Phi 3\sim 4cm$、$H1.5\sim 2.0m$	株	13	
13	石榴		$H1.0\sim 1.5m$	株	11	
14	红叶石楠		$H0.8\sim 1.0m$、$P1.5m$	株	11	修剪成球形
15	大叶黄杨		$H0.8\sim 1.0m$、$P1.5m$	株	4	修剪成球形
16	贴梗海棠		$H0.5\sim 0.6m$	株	11	
17	法国冬青		$H1.5\sim 1.8m$	m²	16.5	25/m²
18	木槿		$H1.5\sim 1.8m$	m²	7	9/m²
19	杜鹃		$H0.3\sim 0.4m$	m²	3	25/m²
20	花叶玉簪		$H0.2\sim 0.3m$	m²	8.5	36/m²
21	萱草		$H0.5\sim 0.6m$	m²	6	36/m²
22	红帽月季		$H0.3\sim 0.5m$	m²	4	25/m²
23	红花酢浆草		$H0.2\sim 0.25m$	m²	8	36/m²
24	金边黄杨		$H0.25\sim 0.3m$	m²	12	36/m²
25	金边麦冬		$H0.2\sim 0.3m$	m²	2	36/m²
26	慈孝竹		$H1.5\sim 2.0m$	m²	9	3/m²
27	绣线菊		$H0.4\sim 0.5m$	m²	11.5	36/m²
28	草坪			m²	300	多年生黑麦草与高羊茅混播

四、总结和拓展

别墅庭院植物设计
总结

（一）总结

　　植物作为庭院中富有生命力和表现力的设计元素，对于提升环境品质和视觉美观度具有独特的作用。别墅庭院植物设计与构思过程是循序渐进的过程，从最初的现状分析，中期的植物功能分区、植物种植分区规划，到最终的植物设计图纸绘制，都需要一步一步完成。庭院植物景观可以是不断变化的，春夏秋冬，一年四季呈现出不同的景致。

（二）拓展

案例一：独栋别墅庭院植物种植设计

独栋别墅庭院植物种植设计平面图

案例二：独栋别墅前院植物种植设计

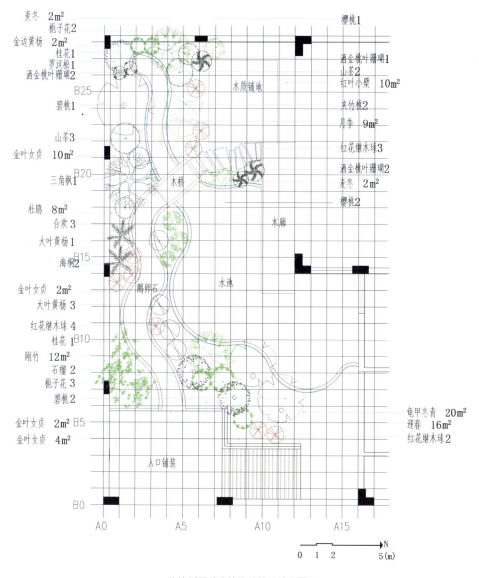

麦冬　2m²
栀子花2
金边黄杨　2m²
桂花1
罗汉松1
酒金桃叶珊瑚2
B25
碧桃1
山茶3
金叶女贞　10m²
三角枫1　B20
杜鹃　8m²
合欢3
大叶黄杨1
海桐2　B15
金叶女贞　2m²
大叶黄杨3
红花继木球4
桂花1　B10
刚竹　12m²
石榴2
栀子花3
碧桃2
金叶女贞　2m²　B5
金叶女贞　4m²
B0

樱桃1
酒金桃叶珊瑚1
山茶2
红叶小檗　10m²
夹竹桃2
月季　9m²
红花继木球3
酒金桃叶珊瑚2
麦冬　2m²
樱桃2
龟甲冬青　20m²
迎春　16m²
红花继木球2

木质铺地
木桥
木廊
水池
鹅卵石
入口铺装

A0　A5　A10　A15

N
0 1 2　5(m)

独栋别墅前院植物种植设计平面图

技能实训

任务1　调研庭院植物

一、任务书

选取所在城市周边口碑较好的楼盘的庭院进行现场调研并撰写调研报告，调研报告格式如下。

某市某庭院植物调研报告

（一）导言

① 调研时间：

② 调研地点：

③ 调研方法：

④ 考察内容：

⑤ 调研目的：

（二）基本情况介绍

（三）调研情况介绍

① 庭院风格

② 设计元素

③ 植物类型（见表5.12）

表5.12　植物调研表

序号	植物名称	生长类型	规格	单位	数量	长势	位置
1							
2							
3							
……							

④ 植物搭配形式

（四）调研总结

二、任务分组

三、任务准备

① 结合学生的特点和优势（语言表达能力、植物辨识能力、信息素养）对学生进行分组，每组4～5人。

学生任务分配表

② 阅读任务书，复习别墅分类、庭院空间组成、不同组成部分的植物景观设计、庭院风格及相应的设计元素和植物类型等相关知识。

四、成果展示

五、评价反馈

常州某庭院植物
设计调研报告

学生进行自评，评价自己是否完成庭院植物信息的提取，有无遗漏。教师对学生的评价内容包括：书写是否规范，书写内容是否出自实训、是否真实合理，阐述是否详细，认识和体会是否深刻，植物调研内容是否完整，是否达到了实训的目的。

① 学生进行自我评价，并将自评结果填入表5.13所示的学生自评表中。

表5.13　学生自评表

班级：		组名：		姓名：
学习模块		别墅庭院植物设计		
任务1		调研庭院植物		
评价项目	评价标准		分值	得分
书写	规范、整洁、清楚		10	
导言	按照报告格式要求中的导言要求撰写		10	
基本情况	掌握别墅类型、庭院空间组成		10	
调研情况	掌握庭院风格及相应的设计元素、植物类型、植物搭配形式		20	
调研总结	掌握不同风格庭院的植物设计特色		10	
工作态度	态度端正，无无故缺勤、迟到、早退现象		10	
工作质量	能按计划完成工作任务		10	
协调能力	与小组成员、同学能合作交流，协调工作		5	
职业素养	能做到实事求是、不抄袭		10	
创新意识	通过实地调研能更好地理解庭院的植物设计		5	
合计			100	

②　学生以小组为单位，对任务1的完成过程与结果进行互评，将互评结果填入学生互评表中。

③　教师对学生在工作过程中的表现与工作结果进行评价，并将评价结果填入表5.14所示的教师评价表中。将学生自评表、学生互评表、教师评价表的成绩进行汇总填入表5.15所示的三方综合评价表中，形成最终成绩。

学生互评表

表5.14　教师评价表

班级：			组名：		姓名：
学习模块			别墅庭院植物设计		
任务1			调研庭院植物		
评价项目		评价标准		分值	得分
工作过程（60%）	书写	规范、整洁、清楚		5	
	导言	按照报告格式要求中的导言要求撰写		5	
	基本情况	掌握别墅类型、庭院空间组成		5	
	调研情况	掌握庭院风格及相应的设计元素、植物类型、植物搭配形式		15	
	调研总结	掌握不同风格庭院的植物设计特色		10	
	工作态度	态度端止，无无故缺勤、迟到、早退现象		5	
	协调能力	与小组成员、同学能合作交流，协调工作		5	
	职业素质	能做到实事求是、不抄袭		10	
工作结果（40%）	工作完整	能按计划完成工作任务		10	
	调研报告	能按照任务要求撰写调研报告		10	
	成果展示	能准确表述、汇报工作成果		20	
合计				100	

表5.15　三方综合评价表

班级：		组名：		姓名：	
学习模块		别墅庭院植物设计			
任务1		调研庭院植物			
综合评价	学生自评（20%）	小组互评（30%）	教师评价（50%）		综合得分

任务2　绘制庭院植物平面图

一、任务书

在任务1的基础上，绘制庭院植物平面图。

二、任务分组

三、任务准备

阅读任务书，复习苗木规格、植物的平面表示方法、平面图设计规范的相关知识，准备任务1中的调研报告、绘图软件等素材或工具。

学生任务分配表

四、成果展示

五、评价反馈

庭院植物平面图

学生进行自评，评价自己是否准确绘制庭院植物平面图，有无遗漏。教师对学生的评价内容包括：图纸是否规范，图纸内容是否出自实训、是否真实合理，苗木规格表是否详细，认识和体会是否深刻，图纸是否美观，是否达到了实训的目的。

① 学生进行自我评价，并将自评结果填入表5.16所示的学生自评表中。

表5.16　学生自评表

班级：		组名：	姓名：	
学习模块		别墅庭院植物设计		
任务2		绘制庭院植物平面图		
评价项目	评价标准		分值	得分
平面图	图纸内容与调研庭院中的植物设计内容一致		20	
苗木规格表	序号、植物类型、图例、规格、数量、单位、备注等完整、详细		10	
艺术表现	图纸美观		10	
图纸规范	标题、指北针、尺寸清楚、准确，图面整洁有文字说明		10	
工作态度	态度端正，无无故缺勤、迟到、早退现象		10	
工作质量	能按计划完成工作任务		10	
协调能力	与小组成员、同学能合作交流，协调工作		10	
职业素养	能做到实事求是、不抄袭		10	
信息素养	能借助网络收集庭院植物平面图、效果图、实景图		10	
合计			100	

② 学生以小组为单位，对任务2的完成过程与结果进行互评，将互评结果填入学生互评表中。

③ 教师对学生在工作过程中的表现与工作结果进行评价，并将评价结果填入表5.17所示的教师评价表中。将学生自评表、学生互评表、教师评价表的成绩进行汇总填入表5.18所示的三方综合评价表中，形成最终成绩。

学生互评表

表5.17　教师评价表

班级：　　　　　　　　　　组名：　　　　　　　　　　姓名：

学习模块		别墅庭院植物设计		
任务2		绘制庭院植物平面图		
评价项目		评价标准	分值	得分
工作过程（60%）	平面图	图纸内容与调研庭院中的植物设计内容一致	15	
	苗木规格表	序号、植物类型、图例、规格、数量、单位、备注等完整、详细	10	
	艺术表现	图纸美观	10	
	图纸规范	标题、指北针、尺寸清楚、准确，图面整洁有文字说明	10	
	工作态度	态度端正，无无故缺勤、迟到、早退现象	5	
	协调能力	与小组成员、同学能合作交流，协调工作	5	
	职业素养	能做到实事求是、不抄袭	5	
工作结果（40%）	工作质量	能按计划完成工作任务	10	
	平面图	能按照任务要求绘制庭院植物平面图	10	
	成果展示	能准确表述、汇报工作成果	20	
合计			100	

表5.18　三方综合评价表

班级：　　　　　　　　　　组名：　　　　　　　　　　姓名：

学习模块		别墅庭院植物设计		
任务2		绘制庭院植物平面图		
综合评价	学生自评（20%）	小组互评（30%）	教师评价（50%）	综合得分

模块小结

重点： 庭院空间组成、不同风格庭院的植物类型、庭院植物功能分区、植物搭配形式。

难点： 获取项目信息、庭院现状调查与分析。

综合实训

别墅庭院植物设计

（1）实训目的

通过实训，学生应掌握别墅庭院植物设计的方法、特点，根据庭院的不同组成部分，因地制宜进行设计，合理选择植物类型，并合理栽植植物，充分发挥庭院植物景观的综合作用；能够进行多方案的设计和比较，充分表达自己的设计意图和设计思想，提高手绘和电脑制图能力。本次实训侧重于植物与建筑、围墙、入口以及道路的联系和统一，突显植物功能的多样性。

庭院现状图纸

（2）实训内容

选择某房地产开发公司开发的别墅庭院，做模拟庭院植物设计。

（3）设计要求

① 根据现状图，确定总体布局、设计原则、设计风格。

② 确定庭院的植物种类和规格。

③ 确定植物空间：开敞空间、半开敞空间、覆盖空间、封闭空间、垂直空间、动态空间。

④ 确定种植形式：孤植、对植、丛植、群植、列植、篱植。

⑤ 在植物的选择上应以本土树种为主，配置上要考虑三季有花、四季常绿、无污染无毒、观赏价值高，同时考虑创造不同层次的复合植物群落。

⑥ 图面表现能力：能满足设计要求；构图合理；清洁美观；线条流畅；图例、比例、指北针、设计说明、图幅等要素齐全，且符合制图规范。

（4）实训成果

① 现状分析图、功能分区图、植物功能分区图、植物种植分区规划图、植物立面组合分析图、植物种植设计平面图、苗木规格表。

② 与设计图相符的植物设计说明书。

③ 实训成果汇报PPT。

知识巩固

班级：_____   姓名：_____   成绩：_____

一、填空题（每空5分，共40分）

1. 别墅庭院空间由（   ）、（   ）、（   ）组成。

2．日式庭院的主要设计元素包括（　　　）、（　　　）和白砂等。

3．在别墅庭院植物种植设计中，应首先确定（　　　　　），它构成整个庭院景观的骨架和主体。

4．（　　　）庭院在植物形态上追求自然，很少修剪整形。

5．住宅东面光照时间有限，一般只有上午有阳光照射过来，所以应考虑选择（　　　）的植物。

二、单选题（每题5分，共30分）

1．前院的植物景观设计应主要突出出入口景观，一般选择（　　　）类作为主景植物。

    A．乔木　　　　　　B．灌木　　　　　　C．地被　　　　　　D．草坪

2．侧院种植乔木的主要作用是（　　　）。

    A．隔音　　　　　　B．防风　　　　　　C．防盗　　　　　　D．遮挡视线

3．庭院中，草坪边界与围墙之间的种植区域主要通过（　　　）来创造复合植物群落。

    A．上层乔木　　　　B．中层灌木　　　　C．下层地被　　　　D．以上答案全是

4．新中式庭院通常需选择（　　　）的植物种类。

    A．有象征意义　　　B．耐修剪　　　　　C．规整　　　　　　D．引进

5．（　　　）庭院注重灌木的修剪、大面积的草坪。

    A．日式　　　　　　B．欧式　　　　　　C．美式　　　　　　D．新中式

6．（　　　）象征富贵。

    A．桂花　　　　　　B．荷花　　　　　　C．雪松　　　　　　D．合欢

三、判断题（每题2分，共10分）

1．（　　　）厨房北面的这块小区域由于地下设有管线（水管、天然气管、电缆），所以在植物栽植上一定要选择浅根性植物。

2．（　　　）住宅的北面要选用喜阳的植物。

3．（　　　）住宅南面的遮阴树应该选择分枝点高的落叶大乔木，这类乔木也有利于保持风道畅通，此处也要避免栽植落叶植物。

4．（　　　）在植物设计上为了避免通透，可以选用分枝点低的大灌木或者乔木以形成相对私密的空间。

5．（　　　）要创造丰富多彩的植物景观，首先要有丰富的植物材料。

四、简答题（每题10分，共20分）

1．调研庭院植物设计案例，调研内容包括以下4个方面：①庭院占地面积、②庭院风格、③庭院功能、④植物类型。

_____

_____

_____

2．新中式庭院中的传统植物有哪些？它们的文化内涵是什么？

_____

_____

_____

_____

知识拓展

1．可食花园

随着生活水平的提高，人们都在追求更加健康的生活，越来越多的人喜欢在自己的庭院中设置属于自己的小菜园，动手种些果蔬。这样做不仅可以享用新鲜健康的蔬果，还可以体会收获的乐趣，一举多得。"菜园"变"花园"已成为绿色生活的一种潮流，将菜园巧妙融入庭院，将形成可食花园。

美丽乡村背景下的
可食花园设计

可食花园中以易打理、美观、可食的植物为主，可以归纳为以下6种类型。①瓜类：观赏南瓜、观赏葫芦、葫芦等。②叶菜类：紫叶生菜、红叶生菜、彩叶甜菜、菊花脑、薄荷等。③茄果类：朝天椒、五色椒、灯笼椒、紫色袖珍茄子、非洲红茄、樱桃番茄等。④甘蓝类：紫甘蓝、羽衣甘蓝、彩叶甘蓝等。⑤豆类：豇豆、土豆、刀豆、扁豆等。⑥其他：百合、桔梗、莲藕、水芹。

在设计菜园的过程中，还应该注意阳光、土壤、水源问题。大部分蔬菜都是喜阳植物，但也有部分蔬菜是喜阴植物，因此，我们要根据蔬菜的不同习性和太阳照射菜园的范围进行合理布局。菜园应靠近水源和厨房：靠近水源可以方便定期灌溉，靠近厨房可以方便烹饪时采摘所需食材。土壤是蔬菜赖以生存的场所，土壤的好坏直接决定了蔬菜的产量。首先，要分析土壤中是否含有足够的营养，根据不同的情况，适当增加或减少堆肥；其次，观察土壤排水和径流情况，过于潮湿或过于干旱都不利于蔬菜生长。

可食花园的设计应简洁、便利，菜园与庭院相互融合、互相展现，能够让主人置身于花园里呼吸新鲜的空气，欣赏绿色的植物、享受阳光。庭院中种植健康的可食用植物，能让庭院更具活力和吸引力，也能让主人的思想和身体同时减压，使其重新焕发活力。

2．庭院主景树

主景树作为庭院必不可少的一部分，在庭院中可以营造景观效果。其独特的造型不仅使庭院更有灵气，而且春可赏花、夏可乘凉、秋赏落叶、冬赏白雪，更有着幸福美好的寓意。为了更好地选择主景树，通常把主景树分为以下3种类型。①造型树：罗汉松、黑松、五针松、榕树，映山红、三角梅、红花檵木等。②观花赏叶型：银杏、重阳木、无患子、白玉兰、紫玉兰、桂花、早樱、海棠、梅、紫薇、红枫、茶梅等。③观花品果型：香橼、柿树、石榴、樱桃、枣、橘树、枇杷。

可食花园　　　　　　　　　　　　庭院主景树：红枫

3. 庭院配置模式

（1）生态观赏型

此模式要求遵循地带性植被的生物学规律，应用植物生态位互补、互惠共生的生态学原理，科学配置植物群落，体现生态环境的地方风韵和文化特色。典型的群落配置如"广玉兰＋白玉兰＋桂花—梅＋紫薇＋云南黄馨—红花酢浆草＋麦冬"。

（2）生态保健型

此模式要求加大复层立体绿化力度，突出生态保健功能，兼顾景观质量要求。绿化的树种必须选用无毒的乔灌木，也可以选择美观、生长快、管理粗放的具有药用和保健功能的香味植物，这样既利于人体保健，又可调节身心、美化环境。在优先选择保健植物的同时，还应注意花期较长及色叶类植物的选配。典型的群落配置如"香樟＋罗汉松＋榉树＋木瓜—含笑｜十大功劳｜紫藤—鸢尾＋葱兰"。

（3）休闲生态型

此模式要求在注意发挥植物生态功能的同时，结合其他景观要素如景观小品等，考虑遮阴、运动、烧烤等休闲需要，合理地配置恰当的植物。既可用形色优美、抗风性较强的树种，也可以配置一些果树，以增加生活的情调。典型的群落配置如"橘树＋女贞＋柿树＋枫香—山茶＋南天竹＋碧桃—玉簪＋吉祥草"。

4. 雨水花园

雨水花园是一种有效的雨水自然净化与处理设施。它收集地面和屋顶的雨水，然后在地势较为低洼的区域，通过植物、沙土的综合作用使雨水得到净化，并使之逐渐渗入土壤，以涵养土壤。植物作为雨水花园的重要组成部分，在改善生态环境、净化雨水、滞留雨水、景观功能等方面发挥着不可替代的作用。

在雨水花园中，以植物种植区的水位高低为依据，可知其包括蓄水区、缓冲区、边缘区3类区域。在下图中，上层乔木以香樟为主，地被植物以大吴风草为主。黄菖蒲等挺水植物在蓄水区；红叶石楠位于缓冲区，香樟和红叶李等位于边缘区。

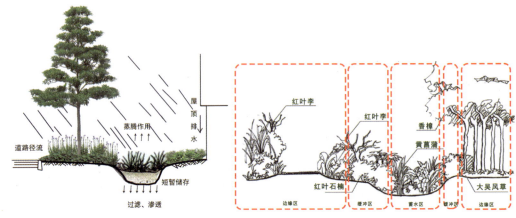

雨水花园功能示意图　　　　　　　　雨水花园种植区立面图

蓄水区在降雨时期收集雨水，在干旱时期使雨水蒸发，故要求其中的植物有较强的耐涝能力、净化能力、抗污染能力，可选择女贞、白皮松、垂柳等。缓冲区所需的蓄水能力相对较弱，需要设置一定坡度，便于雨水由蓄水区向边缘区汇集，缓冲区主要起雨水渗透和雨水截流的作用，要求种植在此处的植物具有一定的耐涝性和耐旱性，可选择圆柏、木槿、侧柏等。边缘区不需要蓄水能力，主要起净化雨水中的污染物质的作用，要求种植在此处的植物具有较强的耐旱性和一定的美观度，可选择银杏、连翘、月季等。选择恰当的植物种类，既能够充分发挥雨水花园渗水和净化雨水的功能，又能降低日后雨水花园的维护成本。雨水花园的植物生长类型及代表植物如表5.19所示。

表5.19　雨水花园的植物生长类型及代表植物

生长类型	代表植物
乔木	香樟、朴树、乌桕、三角枫、南京椴、枫杨、水杉、中山杉、落羽杉、旱柳、枫香、垂柳、紫花泡桐、桂花、龙爪槐、龙柏、桃、梅、紫叶李、红枫、鸡爪槭、日本晚樱、丝棉木、垂丝海棠、重阳木、榔榆、杨梅、红果冬青、蜡梅
灌木	绣线菊、迎春、平枝栒子、山茶、花叶杞柳、海州常山、夹竹桃、黄杨、八角金盘、红叶石楠、洒金桃叶珊瑚、金森女贞、胡颓子、红花檵木、南天竹、紫穗槐、山麻杆、珍珠梅、接骨木、木槿
草本植物	萱草、沿阶草、吉祥草、朱蕉、美人蕉、大吴风草、黄金菊、毛地黄、玉带草、佛甲草、麦冬、矮麦冬、月见草、美女樱、紫娇花、鸢尾、松果菊、花叶山桃草、细茎针茅、马蔺、血草、宿根天人菊、虞美人、柳叶马鞭草、花叶常春藤、常春藤、红廖、石菖蒲、玉带草、紫叶狼尾草、紫花地丁、络石、葱兰、白及、狗牙根、结缕草、假俭草、白三叶
水生植物	芦苇、千屈菜、旱伞草、香蒲、花叶芦竹、灯芯草、再力花、梭鱼草、唐菖蒲、黄菖蒲、泽泻、睡莲、茨菇、浮萍、萍蓬草、眼子菜、苦草、金鱼藻、狐尾藻

践行海绵城市理念
推进绿色发展——
雨水花园的植物
景观营造

学习反思

学习模块六 居住区景观植物设计

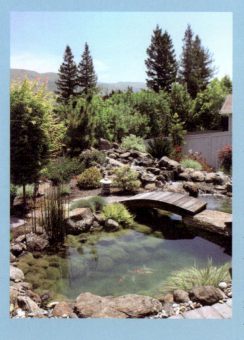

学习导读

　　居住区是人类生存和发展的主要场所，居住区绿地是城市绿地系统的重要组成部分，而植物作为居住区绿地的主体，对居住区的生态环境发挥着平衡和调节作用。树木的高低、树冠的大小、树木的姿态和色彩的四季变换赋予了居住区里没有生命的住宅建筑一定的生命力。因此，植物是居住区环境中最为鲜活的景观要素之一。本学习模块共10课时：知识储备和技能实训各5课时。知识储备部分主要讲解居住区绿地类型和绿化指标、居住区景观植物设计、居住区公共绿地项目设计流程。技能实训部分设置了两个学习任务：调研居住区绿地植物、绘制居住区绿地植物平面图。学生应重点掌握居住区绿地类型和绿化指标、居住区公共绿地植物设计、居住区道路绿地植物设计。

学习目标

※ 素质目标

1. 能够统筹安排、提高效率、有竞争意识。
2. 能够清晰阐述设计流程、创新设计思想。
3. 具有精益求精的态度。
4. 具有先总体设计、后分项设计的全局意识。

※ 能力目标

1. 正确选择居住区绿地植物类型。
2. 检索与阅读居住区绿地设计资料。
3. 识读与分析居住区绿地设计图纸。
4. 进行居住区绿地植物设计。
5. 编制居住区绿地植物设计说明。

※ 知识目标

1. 了解居住区绿地的相关概念。
2. 陈述居住区植物总体设计。
3. 归纳居住区不同绿地的植物设计要点。
4. 分析居住区绿地现状。

思维导图

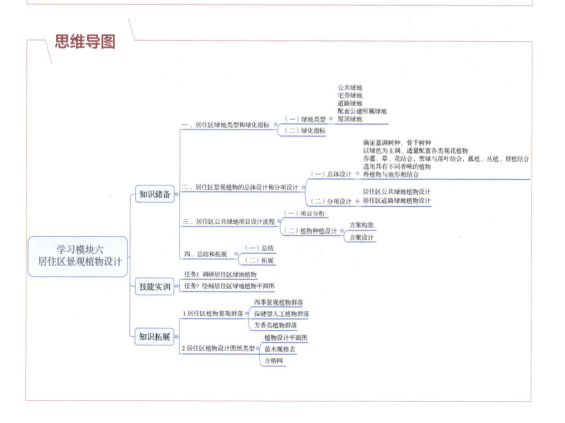

一、居住区绿地类型和绿化指标

（一）绿地类型

居住区绿地的基础知识

《居住绿地设计标准》（CJJ/T 294—2019）规定，居住绿地是指居住用地范围内除社区公园以外的绿地，包括组团绿地、宅旁绿地、配套公建绿地、小区道路绿地等，还包括满足当地植物覆土要求、方便居民出入的地下或半地下建筑的屋顶绿地、车库顶板上的绿地。

1. 组团绿地

组团绿地是指居住组团中集中设置的绿地。

杭州西溪诚园组团绿地

上海河滨花园小区组团绿地

2. 宅旁绿地

宅旁绿地是指居住用地内紧临住宅建筑周边的绿地。

西溪诚园宅旁绿地

星域华府宅旁绿地

3. 配套公建绿地

配套公建绿地是指居住用地内的配套公建用地界限内所属的绿地，如居住区幼儿园绿地，其绿化布置要满足公共建筑和公共设施的功能需求。

4. 小区道路绿地

小区道路绿地是指居住用地内道路用地（道路红线）界限以内的绿地，具有遮阴、防护、丰富道路景观等功能。

常熟长泰花园道路绿地

深圳万象城小区配套公建绿地及道路绿地

5. 屋顶绿地

屋顶绿地是指以建筑顶部平台为依托，进行蓄水、覆土并营造景观的一种空间绿化美化形式。针对日益严重的"城市热岛"效应，屋顶绿化是一条有效的解决途径。北京市园林科学研究院的研究结果表明：在夏季，北京地区的绿地屋顶可使室内温度平均降低1.3～1.9℃；在冬季，屋顶绿地可以使室内温度平均升高1.0～1.1℃。

（二）绿化指标

随着物质文化水平的提高，人们对居住环境的要求越来越高，居住区的绿地率是衡量居住环境的一项重要指标。《城市居住区规划设计标准》（GB 50180—2018）中根据建筑气候区划、结合住宅层数规定了居住区绿地率最小值，见表5.1。

表5.1　居住区绿地率最小值

建筑气候区划	住宅建筑平均层数	绿地率最小值（%）	各区辖行政区范围
I 、VII	低层（1层–3层）	30	I ：黑龙江、吉林全境；辽宁大部；内蒙古中、北部及陕西、山西、河北、北京北部的部分地区； II ：天津、山东、宁夏全境；北京、河北、山西、陕西大部；辽宁南部；甘肃中、东部及河南、安徽、江苏北部的部分地区； III ：上海、浙江、江西、湖北、湖南全境；江苏、安徽、四川大部；陕西、河南南部；贵州东部；福建、广东、广西北部和甘肃南部的部分地区； IV ：海南、台湾全境；福建南部；广东、广西大部及云南西南部和元江河谷地区； V ：云南大部、贵州、四川西南部、西藏南部一小部分地区； VI ：青海全境；西藏大部；四川西部、甘肃西南部；新疆南部部分地区； VII ：新疆大部；甘肃北部；内蒙古西部
	多层 I 类（4层–6层）	30	
	多层 II 类（7层–9层）	30	
	高层 I 类（10层–18层）	35	
	高层 II 类（19层–26层）	35	
II 、VI	低层（1层–3层）	28	
	多层 I 类（4层–6层）	30	
	多层 II 类（7层–9层）	30	
	高层 I 类（10层–18层）	35	
	高层 II 类（19层–26层）	35	
III 、IV 、V	低层（1层–3层）	25	
	多层 I 类（4层–6层）	30	
	多层 II 类（7层–9层）	30	
	高层 I 类（10层–18层）	35	
	高层 II 类（19层–26层）	35	

注：本表绿地率是居住街坊内绿地面积之和与该居住街坊用地面积的比率（%）。

此外，根据《城市居住区规划设计标准》的规定，新建居住区中的集中绿地不应低于 $0.50m^2$/人，旧区改建的集中绿地不应低于 $0.35m^2$/人，集中绿地宽度不应低于8m，在标准的建筑日照阴影线范围之外的绿地面积不应少于1/3，其中应设置老年人、儿童活动场地。

《绿色生态住宅小区建设要点和技术导则》还规定了植物配置的丰实度应符合以下要求：每 $100m^2$ 的绿地要有3株以上乔木；立体或复层种植群落占绿地面积不低于20%；三北地区木本植物种类不少于40种；华中、华东地区木本植物种类不少于50种；华南、西南地区木本植物种类不少于60种。

二、居住区景观植物的总体设计和分项设计

（一）总体设计

从生态方面考虑，植物的设计应该对人体健康无害，有助于生态环境的改善；从景观方面考虑，植物的设计应有利于居住区环境的尽快构建，应选用易于生长、易于管理的本土树种，并考虑各个季节、各个绿地空间的不同植物景观效果。

居住区景观植物设计

1. 确定基调树种、骨干树种

基调树种是指数量最多，能形成居住区统一基调的树种，一般以1～4种为宜，应为所在地区的适生树种。骨干树种是指在居住区不同绿地中应用的孤赏树、绿荫树及观花树木，骨干树种能形成居住区的绿化特色，一般以20～30种为宜。在下图中，主干道以落叶大乔木银杏作为基调树种，选用紫叶李、大叶黄杨球作为骨干树种加以陪衬，路缘选用草花等加以点缀。

道路绿地基调树种、骨干树种

2. 以绿色为主色调，适量配置各类观花植物

在下图中，在居住区入口处种植树形优美、季相变化明显的乔、灌木，并搭配色彩鲜艳的花卉，可以增强居住区的可识别性。

优山美地小区入口

3. 乔、灌、草、花结合，常绿与落叶结合，孤植、丛植、群植结合

多层次的复合群落结构可使居住区的绿化效果疏密有致。

4. 选用具有不同香味的植物

可以选择的植物如广玉兰、桂花、栀子花、含笑等。

常绿乔木：广玉兰　　　　　　　　　　　常绿灌木：含笑

5. 将植物与地形相结合

下面左图所示是居住区的景观水系，水池周边种植了亲水地被植物，如鸢尾、金叶女贞球等，这些植物与景观水池压顶、景石有机结合，上层种植桂花成为水岸视觉焦点，从而形成了形态自然且叶色、叶形、花色和层次丰富的亲水绿地效果。在下面右图中，在居住区中心广场中，将金叶女贞绿篱与台阶相结合，可以强化地形，突出广场的向心性。

亲水植物配置　　　　　　　　　将植物与地形相结合可以强化地形

在下图中，将植物种植在地势低的位置，可以减弱或消除由地形变化而形成的空间效果。相反，如果将植物种植在地势高的位置，可以增强因地形变化而形成的空间效果。

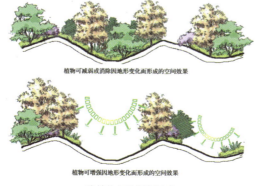

将植物与地形相结合

（二）分项设计

1. 居住区公共绿地植物设计

居住区公共绿地以植物材料为主，与地形、山水和景观建筑小品等构成不同功能、变化丰富的空间，为居民提供各种特色空间。

（1）居住区小游园植物设计

小游园以植物造景为主，考虑设置四季景观。如要体现春景，可种植垂柳、玉兰、迎春、连翘、海棠、樱花、碧桃等，使得春日杨柳青青，春花灼灼；要体现夏景，则宜选用悬铃木、栾树、合欢、木槿、石榴、凌霄、蜀葵、紫薇等，可达到炎炎夏日绿树成荫、繁花似锦的效果；要体现秋景，则宜选用银杏、枫树、火棘、桂花、爬山虎等，使得秋日硕果累累，红叶漫漫；要体现冬景，则宜选用蜡梅、雪松、白皮松、龙柏等，使得小游园三季有花、四季有绿。

居住区公共绿地四周可由乔、灌木背景林形成围合空间，中间布置开敞草坪，林带边缘可打造灌木色块或花境，草坪中可孤植庭荫树。草坪堆坡造型需自然、饱满和平整，适用的草种有暖季型矮生百慕大草、日本结缕草及百慕大草与黑麦草（冷季型）混播草坪。

公共绿地开敞草坪

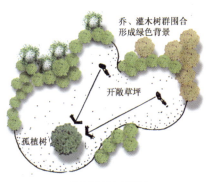

开敞草坪孤植庭荫树

自然草坪堆坡

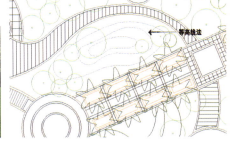

草坪堆坡平面表示方法——等高线法

（2）居住区组团绿地植物设计

居住区组团绿地是不同建筑群组成的绿化空间，其占地面积不是很大，但离住宅最近，居民能就近使用，尤其是老人和儿童，因而在植物设计上，要考虑到他们的生理和心理需求。可利用植物围合空间，以绿色作为基调颜色进行植物布置。如香树湾"和院"居住区中，4块组团绿地分别选用桂花、桃花、海棠、梅花4类植物作为主景树，同时配置其他花木，形成了不同的氛围和意境。

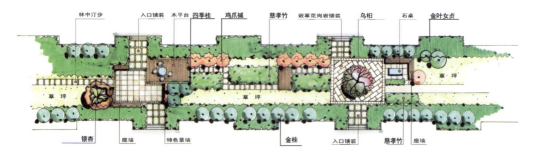

桂花园组团绿地平面图

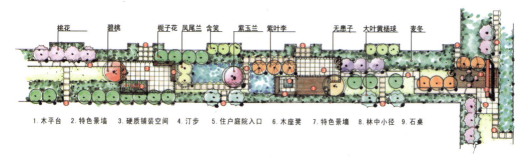

1. 木平台 2. 特色景墙 3. 硬质铺装空间 4. 汀步 5. 住户庭院入口 6. 木座凳 7. 特色景墙 8. 林中小径 9. 石桌

桃花园组团绿地平面图

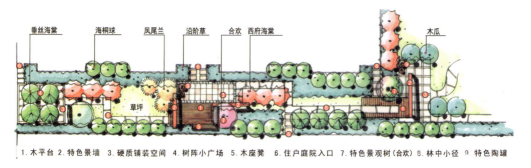

1. 木平台 2. 特色景墙 3. 硬质铺装空间 4. 树阵小广场 5. 木座凳 6. 住户庭院入口 7. 特色景观树(合欢) 8. 林中小径 9. 特色陶罐

海棠园组团绿地平面图

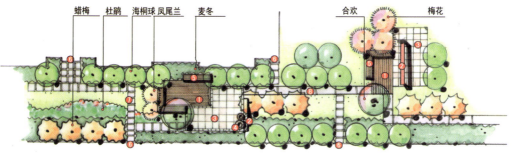

1. 木平台 2. 特色景墙 3. 硬质铺装空间 4. 特色陶罐 5. 木座凳 6. 住户庭院入口 7. 汀步 8. 林中小径

梅园组团绿地平面图

（3）居住区宅旁绿地植物设计

宅旁绿地可分为4种类型：以乔木为主的宅旁绿地、以观赏型植物为主的宅旁绿地、以瓜果等园艺型植物为主的宅旁绿地和以绿篱或花境界定空间为主的宅旁绿地。

星海湾1号小区宅旁绿地　　　　　　　　　　　深圳星河时代小区宅旁绿地

宅旁绿地在植物设计上要根据具体空间的大小和位置，以及建筑风格的不同，选择合适的树种。靠近房基处不宜种植乔木或灌木，以免遮挡窗户，影响室内通风和采光；而在住宅的西面需要栽植高大落叶乔木，以遮挡夏季日晒；草坪要选用耐践踏的草种；阴影区宜种植耐阴植物。

2. 居住区道路绿地植物设计

居住区道路主要分为主干道、次干道、游步道3级。主干道是连接居住区内外的通道，行人和车都比较多，因而行道树的栽植要考虑遮阴与交通安全，株行距要以行道树成年树冠大小为设计依据。下方左图所示为某居住区入口处道路绿地植物配置实景，规整式小灌木色带由夏鹃、金边黄杨、红花檵木3种不同叶色的矮灌木组成，再加上枸骨球，形成了整齐、饱满、层次分明的道路绿化色带效果。在车行道两旁，下层选用红叶石楠，加上列植的落叶大乔木乐昌含笑，以及间隔种植的红叶石楠，形成了具有纵向韵律感、空间层次感、强烈引导感的道路绿地植物景观。次干道用以划分组团绿地，以人行为主，通车为次。绿化树种应选择开花或叶色富于变化的植物，以与宅旁绿地相呼应。

后方右图所示为某居住区游步道植物配置实景，两侧草坪自然嵌入步道石板材铺装，左侧以红花檵木、大叶黄杨、鸡爪槭等形成与车行道的隔离绿带，右侧与水体相连，因而种植毛鹃，以形成自然、亲水的游步道植物景观。

某居住区入口处道路绿地植物配置实景　　　　　　某居住区游步道植物配置实景

下图为某居住区入口处道路绿地植物配置平面图，主路口两旁选用紫叶李进行两行列植，作为主调树种。主路口的西侧孤植落叶乔木银杏作为主景树，西南侧的绿地上层丛植棕榈，中层丛植海桐，下层片植杜鹃，并创造自然草坪堆坡，形成主景树的绿色背景。

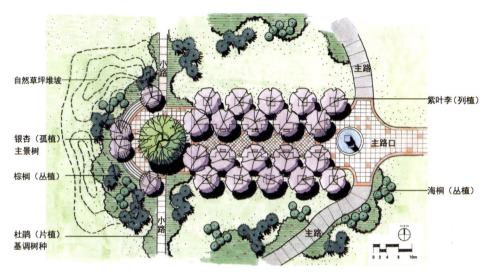

某居住区入口处道路绿地植物配置平面图

如下方左图所示为道路节点植物配置实景，地面硬质铺装的直角围边采用了毛鹃并配以红花檵木球，在直角处的草坪上种植无刺构骨来遮住铺装硬角，可形成具有围合感、美观的中庭景观节点空间。下方右图中，左边的平面图中植物没有很好地与铺装相结合，因而在配置上显得无序；右边的平面图中植物的配置强调了铺装的围合感。

道路节点植物配置实景

植物与铺装的结合

在居住区主干道植物设计上，要考虑行人的遮阴需求，上层可选用高大落叶乔木，下层可选用耐阴花灌木，如下方左图所示。在次干道两侧的植物设计上可以高低错落地布置乔木、灌木，并使该绿地与支干道两侧的宅旁绿地密切结合，形成有机整体，如下方右图所示。

居住区主干道绿地剖面图

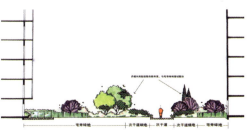

居住区次干道绿地剖面图

三、居住区公共绿地项目设计流程

本部分以伯爵山庄公共绿地项目为依托，讲解居住区公共绿地项目设计流程。

（一）项目分析

居住区公共绿地
项目设计流程

公共绿地植物设计
流程图

该项目位于小区入口，属于居住区公共绿地。小区入口位于东侧，东侧设有圆形广场，广场中心设置旱喷和小型水池，水池中设有喷泉。往西，设置了透景景墙，景墙的南侧是一块占地面积约2600m²的公共绿地，绿地东南侧设有大草坪，草坪中设有汀步，将绿地中的休闲广场和绿岛广场相连。绿地西侧设有儿童游乐区，南侧设有亭廊组合，西北侧设有树池座凳、木平台，沿着铺装，结合台阶设计了几个自然式绿岛。

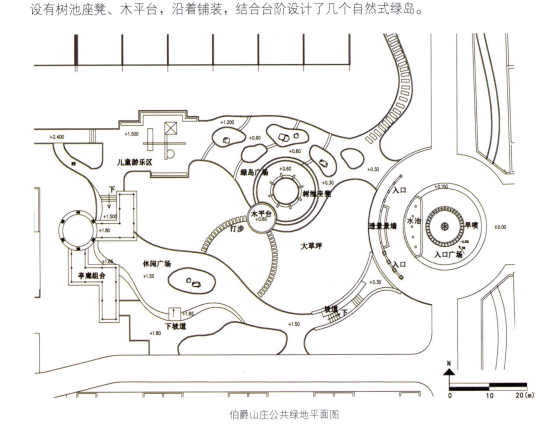

伯爵山庄公共绿地平面图

（二）植物种植设计

1. 方案构思

该项目充分利用植物围合不同空间，并将不同空间用不同类型的植物加以分隔，形成各具特色的空间。

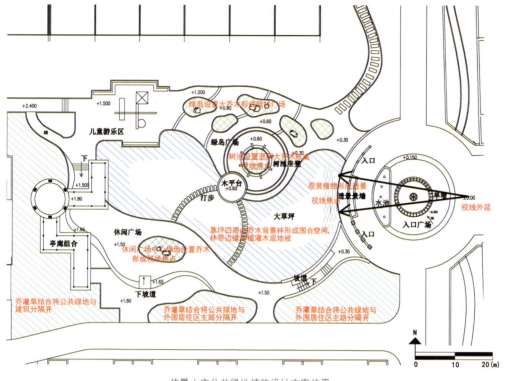

伯爵山庄公共绿地植物设计方案构思

2. 方案设计

（1）选择植物

在植物的选择上，应以所在地区的本土植物种类（见表6.2）为主，达到乔、灌、花、草兼有，终年保持丰富的绿貌的效果，从而形成春花、夏绿、秋色、冬姿的美好景象。

表6.2　伯爵山庄公共绿地植物选择列表

常绿大乔木	香樟
落叶大乔木	榔榆、水杉、马褂木、合欢
小乔木	棕榈、红枫、紫叶李、樱花、桂花、蜡梅、春梅
灌木	海桐球、红花檵木球
竹类	淡竹
地被	杜鹃、金边黄杨、麦冬
草坪	高羊茅

（2）植物配置形式

根据选择的植物类型，考虑不同的植物配置形式：①榔榆＋棕榈、桂花、樱花＋红花檵木球，②棕榈、桂花、红枫＋红花檵木球＋海桐球，③香樟、水杉、合欢＋红枫＋金边黄杨、杜鹃，④合欢＋蜡梅、红枫＋海桐球＋金边黄杨、杜鹃，⑤马褂木＋麦冬，⑥马褂木＋桂花、红枫＋麦冬，⑦马褂木、水杉、合欢＋紫叶李、春梅＋海桐球，⑧榔榆孤植，⑨淡竹片植。

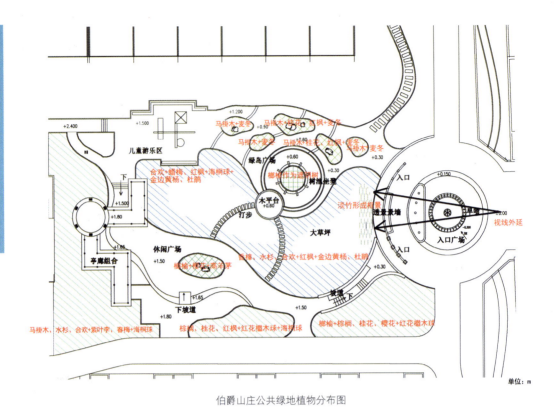

伯爵山庄公共绿地植物分布图

单位：m

（3）种植设计

在设计图纸中利用具体的图例标出植物的类型、种植位置，并编制苗木规格表（见表6.3）。（电子图纸在网盘下载）

单位：m

伯爵山庄公共绿地植物种植设计图

表6.3　伯爵山庄公共绿地苗木规格表

编号	图例	名称	规格（Φ、H、P）	单位	数量	备注
1		香樟	Φ8～9cm、H250～300cm	株	4	移栽3年，全冠
2		榔榆	Φ30～35cm	株	3	
3		水杉	Φ8～9cm、H400～450cm	株	8	
4		桂花	Φ7～8cm、H150～200m	株	13	金桂品种
5		马褂木	Φ7～8cm	株	8	
6		合欢	Φ7～8cm	株	21	全冠
7		蜡梅	H200～250cm、P180～220cm	株	3	5分枝以上
8		棕榈	H120～180cm	株	8	
9		红枫	Φ3～3.5cm	株	21	
10		紫叶李	Φ3～4cm	株	13	
11		樱花	Φ4～5cm	株	3	早樱品种
12		海桐	H250cm、P120cm	株	29	修剪成球形
13		红花檵木	H100cm、P100cm	株	17	修剪成球形
14		春梅	Φ4～5cm、P120cm	株	2	红梅、绿梅各半
15		淡竹	Φ3～4cm	m²	18	9/m²
16		金边黄杨	H60cm	m²	63	36/m²
17		杜鹃	H60cm	m²	51	36/m²
18		麦冬	H20cm	m²	55	36/m²
19		高羊茅		m²	1180	满铺

四、总结和拓展

（一）总结

居住区植物设计必须以充分发挥植物的功能为目标，创造层次丰富的植物群落，形成季相各异的植物景观，同时融合生态理念，形成合理的、丰富多彩的空间序列，为人们创造出美丽的自然空间。

（二）拓展

案例：郑州非常国际小区居住区植物设计

本案例中，该小区运用植物将居住区划分为具有不同特色的空间。各个空间运用不同的植物，创造不同的植物景观，并为小区居民营造具有保健功能的外部环境景观，从而强化居住区绿地的作用。

① 南入口植物：广玉兰、合欢、海蜜枣、月季、小叶黄杨。

② 春景植物：樱花、贴梗海棠、红叶李、红瑞木、紫丁香、榆叶梅、棣棠。

③ 夏景植物：合欢、紫藤、栾树、石榴、七叶树、火棘、玫瑰、女贞、凌霄、广玉兰、山楂、月季、八仙花、玉簪。

④ 秋景植物：桂花、七叶树、八角金盘、枇杷、鸡爪槭、红枫、青桐、枫杨。

⑤ 养肾植物：杜仲、女贞、悬铃木、石榴、竹叶椒。

⑥ 养肺植物：枫杨、朴树、枇杷、七叶树、花椒、狭叶、十大功劳。

⑦ 养心植物：合欢、柿树、国槐、梨树、枣树、连翘、木通。

⑧ 养脾植物：玉兰、杏树、竹叶椒、火棘、麦冬。

⑨ 养肝植物：垂柳、山楂、栾树、楝树、玫瑰。

⑩ 外环行道树植物配置：国槐和广玉兰间植。

⑪ 内环及组团行道树植物配置：黄金树、枇杷、龙爪槐、垂柳、柿树、桂花、女贞、榉树、红叶李、银杏。

⑫ 宅前绿地植物配置：桂花、枇杷、蚊母、红枫、海桐、金丝桃、洒金桃叶珊瑚、棣棠、碧桃、红瑞木、蜡梅、刚竹、紫竹、牡丹、月季、榆叶梅、常春藤。

⑬ 草坪及草花植物配置：草坪由高羊茅、麦冬组成，草花按季节种植。

郑州非常国际小区
居住区植物设计

技能实训

任务1　调研居住区绿地植物

一、任务书

选取所在城市周边口碑较好的居住区进行现场调研并撰写调研报告，调研报告格式如下。

××市××居住区绿地植物调研报告

（一）导言

① 调研时间：

② 调研地点：

③ 调研方法：

④ 考察内容：

⑤ 调研目的：

（二）基本情况介绍

（三）调研情况介绍

1. 总体设计

2. 分项设计

（1）公共绿地植物设计

（2）道路绿地植物设计

3. 植物类型（见表6.4）

表6.4　植物调研表

序号	植物名称	生长类型	规格	单位	数量	长势	位置
1							
2							
3							
……							

（四）调研总结

二、任务分组

三、任务准备

学生任务分配表

① 结合学生的特点和优势（语言表达能力、植物辨识能力、信息素养）对学生进行分组，每组4~5人。

② 阅读任务书，复习居住区绿地类型、居住区植物总体设计、居住区中不同绿地类型的植物设计等相关知识。

四、成果展示

五、评价反馈

北京某居住区植物设计调研报告

学生进行自评，评价自己是否完成居住区绿地植物信息的提取，有无遗漏。教师对学生评价的内容包括：书写是否规范，书写内容是否出自实训、是否真实合理，阐述是否详细，认识和体会是否深刻，植物调研内容是否完整，是否达到了实训的目的。

① 学生进行自我评价，并将自评结果填入表6.5所示的学生自评表中。

表6.5　学生自评表

班级：		组名：	姓名：	
学习模块	居住区景观植物设计			
任务1	调研居住区绿地植物			
评价项目	评价标准		分值	得分
书写	规范、整洁、清楚		10	
导言	按照报告格式要求中的导言要求撰写		10	
基本情况	掌握居住区绿地类型		10	
调研情况	掌握居住区植物总体设计要点、不同绿地类型的植物设计、居住区植物种类		20	
调研总结	掌握居住区不同绿地类型的植物设计特色		10	
工作态度	态度端正，无无故缺勤、迟到、早退现象		10	
工作质量	能按计划完成工作任务		10	
协调能力	与小组成员、同学能合作交流，协调工作		5	
职业素养	能做到实事求是、不抄袭		10	
创新意识	通过实地调研能更好地理解居住区的植物设计		5	
合计			100	

② 学生以小组为单位，对任务1的完成过程与结果进行互评，将互评结果填入学生互评表中。

③ 教师对学生在工作过程中的表现与工作结果进行评价，并将评价结果填入表6.6所示的教师评价表中。将学生自评表、学生互评表、教师评价表的成绩进行汇总填入表6.7所示的三方综合评价表中，形成最终成绩。

学生互评表

表6.6　教师评价表

班级：		组名：	姓名：	
学习模块		居住区景观植物设计		
任务1		调研居住区绿地植物		
评价项目		评价标准	分值	得分
工作过程（60%）	书写	规范、整洁、清楚	5	
	导言	按照报告格式要求中的导言要求撰写	5	
	基本情况	掌握居住区绿地类型	5	
	调研情况	掌握居住区植物总体设计要点、不同绿地类型的植物设计、居住区植物种类	15	
	调研总结	掌握居住区不同绿地类型的植物设计特色	10	
	工作态度	态度端正，无无故缺勤、迟到、早退现象	5	
	协调能力	与小组成员、同学能合作交流，协调工作	5	
	职业素养	能做到实事求是、不抄袭	10	
工作结果（40%）	工作质量	能按计划完成工作任务	10	
	调研报告	能按照任务要求撰写调研报告	10	
	成果展示	能准确表述、汇报工作成果	20	
合计			100	

表6.7　三方综合评价表

班级：		组名：		姓名：	
学习模块		居住区景观植物设计			
任务1		调研居住区绿地植物			
综合评价	学生自评（20%）	小组互评（30%）	教师评价（50%）		综合得分

任务2　绘制居住区绿地植物平面图

一、任务书

在任务1的基础上，选取调研居住区的一块绿地（如小游园、组团绿地、宅旁绿地、道路绿地等），绘制绿地植物平面图。

二、任务分组

三、任务准备

学生任务分配表

阅读任务书，复习苗木规格、植物的平面表示方法、平面图设计规范的相关知识，准备任务1中的调研报告、绘图软件等素材或工具。

四、成果展示

参考"南京伯爵山庄公共绿地植物种植设计图""表6.3伯爵山庄公共绿地苗木规格表"

五、评价反馈

学生进行自评，评价自己是否准确绘制居住区绿地植物平面图，有无遗漏。教师对学生的评价内容包括：图纸是否规范，图纸内容是否出自实训、是否真实合理，苗木规格表是否详细，认识和体会是否深刻，图纸是否美观，是否达到了实训的目的。

① 学生进行自我评价，并将自评结果填入表6.8所示的学生自评表中。

表6.8　学生自评表

班级：		组名：	姓名：	
学习模块		居住区景观植物设计		
任务2		绘制居住区绿地植物平面图		
评价项目	评价标准		分值	得分
平面图	图纸内容与调研居住区绿地中的植物设计内容一致		20	
苗木规格表	序号、植物类型、图例、规格、数量、单位、备注等完整、详细		10	
艺术表现	图纸美观		10	
图纸规范	标题、指北针、尺寸清楚、准确，图面整洁有文字说明		10	
工作态度	态度端正，无无故缺勤、迟到、早退现象		10	
工作质量	能按计划完成工作任务		10	
协调能力	与小组成员、同学能合作交流，协调工作		10	
职业素养	能做到实事求是、不抄袭		10	
信息素养	能借助网络收集居住区绿地植物平面图、效果图、实景图		10	
合计			100	

② 学生以小组为单位，对任务2的完成过程与结果进行互评，将互评结果填入学生互评表中。

学生互评表

③ 教师对学生在工作过程中的表现与工作结果进行评价，并将评价结果填入表6.9所示的教师评价表中。将学生自评表、学生互评表、教师评价表的成绩进行汇总填入表6.10所示的三方综合评价表中，形成最终成绩。

表6.9 教师评价表

班级：		组名：		姓名：
学习模块		居住区景观植物设计		
任务2		绘制居住区绿地植物平面图		
评价项目		评价标准	分值	得分
工作过程（60%）	平面图	图纸内容与调研居住区绿地中的植物设计内容一致	15	
	苗木规格表	序号、植物类型、图例、规格、数量、单位、备注等完整、详细	10	
	艺术表现	图纸美观	10	
	图纸规范	标题、指北针、尺寸清楚、准确，图面整洁有文字说明	10	
	工作态度	态度端正，无无故缺勤、迟到、早退现象	5	
	协调能力	与小组成员、同学能合作交流，协调工作	5	
	职业素养	能做到实事求是、不抄袭	5	
工作结果（40%）	工作质量	能按计划完成工作任务	10	
	平面图	能按照任务要求绘制居住区绿地植物平面图	10	
	成果展示	能准确表述、汇报工作成果	20	
合计			100	

表6.10 三方综合评价表

班级：		组名：		姓名：
学习模块		居住区景观植物设计		
任务2		绘制居住区绿地植物平面图		
综合评价	学生自评（20%）	小组互评（30%）	教师评价（50%）	综合得分

模块小结

重点：居住区绿地类型、居住区景观植物的总体设计、居住区公共绿地植物设计、居住区植物配植形式。

难点：居住区不同绿地类型的植物设计区别、植物设计与景观文化内涵的提炼。

综合实训

居住区组团绿地植物设计

（1）实训目的

通过实训，学生应能够掌握居住区组团绿地植物设计的方法、特点、要求，根据绿地的不同位置和类型，因地制宜地进行绿化设计，使植物类型、植物配置形式与建筑和环境协调统一，充分发挥居住区组团绿地的综合作用。本次实训侧重于植物和道路、花坛、铺装、建筑之间的联系和统一。

（2）实训内容

选择某居住区组团绿地做模拟植物设计。小区入口位于南侧，6幢住宅围合成一个组团绿地，四周道路循环畅通并通向各个建筑单元入口。中心组团绿地主要由铺装、花坛组成，总体为规则式布局。（电子图纸在网盘下载）

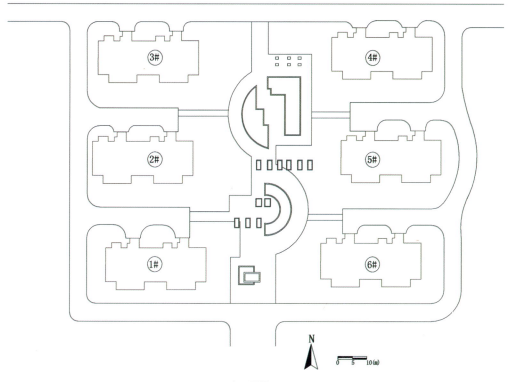

小区平面图

（3）植物设计要求

① 根据总体设计思路，确定绿地的基调树、骨干树、主景树，考虑组团绿地的植物设计要求、考虑不同的种植形式。

② 三季有花、四季常绿，无污染无毒，观赏价值高，尽量选用本土植物。

③ 建筑周围绿地要选用低矮花灌木，不能影响建筑内的通风与采光。宅旁绿地要根据楼间距和楼高，合理确定植物类型。道路绿地在植物选择上需考虑遮阴、道路的等级和

组织交通的功能需求。组团绿地可结合花坛创造丰富的植物景观。

（4）实训成果

① 组团绿地植物设计平面图，比例为1：300～1：200。

② 植物设计说明书，包括设计概况、植物设计主题、植物类型、植物搭配形式等内容。

③ 苗木规格表。

知识巩固

班级：_____　姓名：_____　成绩：_____

一、填空题（每空5分，共45分）

1.《绿色生态住宅小区建设要点和技术导则》规定：每100m²的绿地要有（　　）株以上乔木。

2.居住区组团绿地是不同建筑群组成的绿化空间，其与地面积不是很大，但离住宅最近，居民能就近使用，尤其是（　　）和（　　）。

3.居住绿地是指居住用地范围内除社区公园以外的绿地，包括（　　）、（　　）、（　　）、小区道路绿地，还包括满足当地植物覆土要求、方便居民出入的地下或半地下建筑的屋顶绿地、车库顶板上的绿地。

4.根据《城市居住区规划设计标准》的规定，新建居住区中的集中绿地不应低于（　　）m²/人，旧区改建的集中绿地不应低于（　　）m²/人。

5.（　　）是指数量最多，能形成所在居住区统一基调的树种。

二、单选题（每题5分，共25分）

1.（　　）是指两排住宅之间的绿地，其大小和宽度取决于楼间距，一般包括宅前、宅后以及建筑物本身的绿地。

　　A.居住区公园　　B.宅旁绿地　　C.小游园　　D.组团绿地

2.一定城市用地范围内各类绿地用地总面积与该用地总面积的百分比叫作（　　）。

　　A.容积率　　B.绿地率　　C.绿化率　　D.绿化覆盖率

3.在植物的选择上，应以所在地区的（　　）种类为主，达到乔、灌、草兼有，终年保持丰富的绿貌的效果，从而形成春花、夏绿、秋色、冬姿的美好景象。

　　A.本土植物　　B.外来植物　　C.新培育植物　　D.观花植物

4.景观植物设计中，株行距应以（　　）作为设计依据。

　　A.种植树冠大小　　B.种植树形　　C.成年树冠大小　　D.成年树形

5.以下表述错误的是（　　）。

　　A.居住区景观植物的总体设计首先要确定基调树种

　　B.住宅的北面宜种植喜阴植物

　　C.住宅的西面需要栽植高大落叶乔木，以遮挡夏季日晒

　　D.靠近房基处宜种植乔木或大灌木

三、判断题（每题2分，共10分）

1.（　　）地面硬质铺装的直角围边宜采用落叶灌木来遮住铺装硬角。

2.（　　）在居住区主干道植物设计上，要考虑行人的遮阴需求，上层可选用高大落叶乔木，下层可选用耐阴花灌木。

3.（　　）将植物种植在地势低的位置，可以增强因地形变化而形成的空间效果。

4.（　　）在居住区植物景观总体设计时首先要确定绿地的基调树种、骨干树种。

5.（　　）居住区小游园植物设计应考虑设置四季景观。

四、简答题（每题10分，共20分）

1.居住区绿化指标有哪些相关规定？

_____

_____

_____

2.分别列举春、夏、秋、冬四季的植物景观群落。

_____

_____

_____

_____

知识拓展

1.居住区植物景观群落

（1）四季景观植物群落

① 体现春景的植物群落。

上层：雪松；中层：白玉兰、樱花＋西府海棠或紫荆；地被：紫花地丁。

上层：垂柳＋鹅掌楸；中层：女贞＋丁香或紫叶桃；下层：榆叶梅＋迎春、野蔷薇、锦带花、海州常山；地被：鸢尾＋二月兰或五叶地锦。

② 体现夏景的植物群落。

上层：圆柏＋国槐＋合欢；中层：紫叶李＋紫薇或石榴—平枝栒子或卫矛；地被：玉簪。

上层：意大利杨＋栾树；中层：小叶女贞＋木槿或珍珠梅；下层：月季或美人蕉；地被：石蒜或半枝莲。

③ 体现秋景的植物群落。

上层：老鸦柿＋银杏＋火炬漆；中层：平枝栒子；地被：阔叶麦冬。

上层：水杉＋湿地松＋鸡爪槭；中层：荚蒾属或山楂＋桂花；下层：菊花＋紫叶小檗或铺地柏。

④ 体现冬季景观的植物群落。

上层：雪松＋丛生朴树；中层：蜡梅；下层：枸骨；地被：铺地柏＋书带草。

上层：黑松＋柽柳＋银杏；中层：竹类＋火棘；地被：白三叶。

（2）保健型人工植物群落

上层：圆柏（侧柏或雪松）＋臭椿（或国槐、白玉兰、柽柳、栾树）；中层：大叶黄杨＋碧桃＋金银木（或紫丁香、紫薇、接骨木）；下层：铺地柏＋丰花月季或连翘 地被：鸢尾或麦冬。

上层：白皮松（粗榧或洒金扁柏）＋银杏（栾树、杜仲、核桃、丁香）；中层：早园竹＋海州常山（珍珠梅、平枝栒子、黄金枸骨、黄刺玫）；地被：大花萱草＋早熟禾。

如何打造保健型人工植物群落

（3）芳香类植物群落

上层：广玉兰；中层：栀子＋蜡梅；下层：月季。

上层：白玉兰＋银杏；中层：结香＋栀子；下层：十姐妹；地被：红花酢浆草。

上层：银杏；中层：桂花；下层：含笑；地被：红花酢浆草。

2. 居住区植物设计图纸类型

（1）植物设计平面图

植物设计平面图主要由植物种植平面图、苗木规格表、方格网3部分组成。植物种植平面图中应标明每种植物的准确位置。植物的位置可用圆心或圆心的短十字线表示。在图面上的空白处应用引线和箭头符号标明植物的种类，也可用数字或代号简略标注。同一种植物群植或丛植时可用细线将其中心连起来统一标注。（电子图纸在网盘下载）

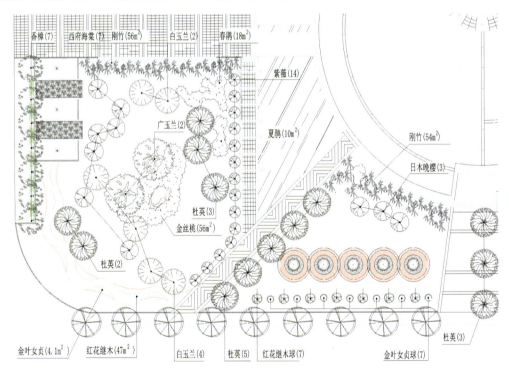

植物设计平面图（局部）

（2）苗木规格表

苗木规格表应包括植物的序号、普通名称、拉丁学名、数量、规格以及备注等内容。

（3）方格网

在绘制植物种植平面图时，最好根据参照点或参照线画出方格网，网格的大小应以相对准确地表示内容为准。

学习反思

附录1 部分城市的常用景观植物一览表

城市	区划	乔木	灌木	草坪、地被
北京、太原、天津、石家庄、秦皇岛、济南	北部暖温带落叶阔叶林区	银杏、钻天杨、泡桐、旱柳、合欢、国槐、刺槐、悬铃木、梧桐、板栗、元宝枫、千头椿、核桃、榆、桑、玉兰、海棠花、山楂、栾树、油松、白皮松、乔松、华山松、龙柏、雪松、杜松、侧柏	沙地柏、大叶黄杨、铺地柏、金银木、天目琼花、白玉棠、玫瑰、月季、麻叶绣球、紫荆、丁香、迎春、石榴、金叶女贞、小叶女贞、珍珠花、雪柳	野牛草、紫羊茅、中华结缕草、日本结缕草、羊茅、蒲公英、二月兰、白三叶、羊胡子草、紫花地丁、匍茎剪股颖
哈尔滨、长春	温带针阔叶混交林区	长白松、樟子松、黑皮油松、紫杉、长白侧柏、辽东冷杉、杜松、青杆、兴安落叶松、长白落叶松、旱柳、粉枝柳、五角枫、杏、山槐、山荆子、花曲柳、山杨	天山圆柏、沙地柏、矮紫杉、欧洲丁香、水蜡、匈牙利丁香、喜马拉雅丁香、黄刺玫、玫瑰、刺梅蔷薇、东北珍珠梅、玫瑰、风箱果、花木蓝、天目琼花、刺五加	草地早熟禾、林地早熟禾、加拿大早熟禾、紫羊茅
郑州、西安	南部暖温带落叶阔叶林区	云杉、桧柏、龙柏、刺柏、女贞、广玉兰、油松、白皮松、黑松、华山松、赤松、雪松、日本花柏、日本扁柏、侧柏、枇杷、石楠、棕榈、蚊母、桂花、刺桂、水杉、银杏、悬铃木、毛泡桐、泡桐、梓树、楸树、桑树、青桐、毛白杨、黄连木、国槐、龙爪槐、刺槐、合欢、乌桕、旱柳、垂柳、枫杨、核桃、榧栎、光叶榉、栾树、小叶朴、杜仲、板栗、麻栎、栓皮栎、柿树、构树、白蜡、洋白蜡、玉兰、枣树、鸡爪槭、红枫、茶条槭、五角枫、流苏、刺楸、楝树、丝棉木、四照花、七叶树、臭椿、千头椿、东京樱花、杏、木瓜、海棠花、紫叶李、白梨、日本晚樱、山楂、碧桃	珍珠花、粉花绣线菊、现代月季、平枝栒子、鸡麻、紫竹、棣棠、细叶小檗、紫叶小檗、牡丹、东陵八仙花、木本绣球、三桠绣球、金叶女贞、紫荆、小叶女贞、连翘、丁香、雪柳、迎春、蜡梅、锦鸡儿、胡枝子、太平花、山梅花、红端木、锦带花、海仙花、天目琼花、金银木、石榴、花椒、竹叶椒、木槿、秋胡颓子、紫珠、紫薇、紫玉兰	中华结缕草、日本结缕草、马尼拉结缕草、草地早熟禾、早熟禾、匍茎剪股颖、小糠草、紫羊茅、羊茅、双穗雀稗、麦冬、红花酢浆草、鸢尾、萱草、紫萼、玉簪、白三叶、二月兰、车前草

城市	区划	乔木	灌木	草坪、地被
南京、扬州、无锡、苏州、合肥、上海	北亚热带落叶、常绿阔叶混交林区	湿地松、黑松、赤松、白皮松、马尾松、罗汉松、雪松、桧柏、龙柏、云片柏、柏木、日本冷杉、日本五针松、日本花柏、日本扁柏、北美圆柏、广玉兰、女贞、柳杉、青冈栎、棕榈、桂花、石楠、蚊母、刺桂、珊瑚树、枇杷、油橄榄、金钱松、水杉、落羽杉、池杉、悬铃木、黄金树、楸树、椰树、光叶榉、白蜡、桑树、构树、刺槐、江南槐、国槐、龙爪槐、合欢、银杏、薄壳山核桃、枫杨、毛白杨、杜仲、柿树、垂柳、赤杨、板栗、麻栎、栓皮栎、朴树、榆树、榉栎、鹅掌楸、玉兰、二乔玉兰、皂荚、刺楸、青桐、毛泡桐、泡桐、七叶树、白蜡、三角枫、鸡爪械、红枫、枳椇、枫香、丝棉木、南酸枣、黄连木、复羽叶栾树、重阳木、乌桕、臭椿、紫叶李、沙梨、东京樱花、木瓜、海棠花、梅花、碧桃、日本晚樱	平头赤松、翠柏、铺地柏、鹿角柏、千头柏、线柏、火棘、海桐、枸骨、山茶花、茶梅、胡颓子、大叶黄杨、小叶黄杨、黄杨、迎春、夹竹桃、南天竹、十大功劳、阔叶十大功劳、凤尾兰、丝兰、小叶女贞、金叶女贞、小蜡、水蜡、金丝桃、桃叶珊瑚、洒金东瀛珊瑚、八角金盘、紫玉兰、星花玉兰、珍珠花、麻叶绣线菊、菱叶绣线菊、玫瑰、现代月季、郁李、麦梅花、平枝栒子、海州常山、紫叶李、垂丝海棠、贴梗海棠、棣棠、山麓、牡丹、溲疏、金钟花、紫珠、紫薇、蜡梅、紫荆、锦鸡儿、四照花、糯米条、海仙花、木本绣球、蝴蝶树、天目琼花、金银木、接骨木、无花果、结香、木槿、木芙蓉、云锦杜鹃、石榴、秋胡颓子、花椒、枸橘、醉鱼草、白鹃梅、雪柳、羽毛枫	狗牙根、假俭草、中华结缕草、日本结缕草、细叶结缕草、马尼拉结缕草、匍茎剪股颖、小糠草、紫羊茅、羊茅、双穗雀稗、宽叶麦冬、山麦冬、红花酢浆草、石蒜、石菖蒲、沿阶草、二月兰、吉祥草、鸢尾、忽地笑、玉簪、石竹、花叶蔓长春花
兰州、呼和浩特、银川、包头	温带草原区	青海云杉、鳞皮云杉、紫果云杉、鳞皮冷杉、青杆、油松、杜松、西安桧、白皮松、华山松、祁连圆柏、大果圆柏、塔枝圆柏、侧柏、箭杆杨、钻天杨、小叶杨、青甘杨、康定杨、银白杨、新疆杨、青杨、山杨、康定柳、旱柳、小叶朴、黑榆、春榆、欧洲白榆、榆、红桦、坚桦、白桦、辽东栎、栾树、核桃、青榨械、马氏械、刺槐、国槐、白蜡、山荆子、山杏、海棠果、沙枣、火炬树、臭椿、暴马丁香、文冠果、山桃、稠李、花红、甘肃山楂	香荚蒾、陕甘花楸、多腺悬钩子、水栒子、西北栒子、匍匐栒子、金露梅、银露梅、珍珠梅、黄刺玫、黄蔷薇、峨眉蔷薇、榆叶梅、东陵绣球、毛樱桃、假稠李、蒙古绣线菊、细枝绣线菊、高山绣线菊、欧李、鸡麻、接骨木、藏花忍冬、鞑靼忍冬、紫枝忍冬、黄花忍冬、小叶忍冬、陇塞忍冬、锦带花、红瑞木、金银木、紫丁香、波斯丁香、羽叶丁香、毛叶丁香、连翘、雪柳、牡丹、荆条、猬实、宁夏枸杞、直穗小檗、匙叶小檗、栓翅卫矛、紫花卫矛	野牛草、结缕草、草地早熟禾、早熟禾、林地早熟禾、加拿大早熟禾、羊茅、紫羊茅、苇状羊茅、匍茎剪股颖、小糠草、白颖苔草、糙喙苔草、异穗苔草、狭穗景天、马蔺、狼毒、东方草莓、歪头菜、金色补血草、白射干

城市	区划	乔木	灌木	草坪、地被
杭州、温州、宁波、武汉、南昌	北亚热带常绿、落叶阔叶混交林区	常绿乔木：黑松、马尾松、赤松、湿地松、五针松、北美圆柏、日本冷杉、日本扁柏、柏木、侧柏、云片柏、日本花松、桧柏、龙柏、白皮松、罗汉松、雪松、柳杉、红豆杉、三尖杉、广玉兰、红茴香、木莲、厚皮香、桂花、女贞、香樟、浙江樟、檫木、红楠、紫楠、杜英、冬青、石栲、青桐栎、钩栗、苦槠、石栎、栲树、木荷、珊瑚树、杨梅、枇杷、大叶冬青、乐昌含笑、火力楠、深山含笑、浙江楠、华东楠、棕榈、蚊母。落叶乔木及小乔木：水杉、池杉、落叶杉、墨西哥落羽杉、金钱松、银杏、七叶树、鹅掌楸、玉兰、薄壳山核桃、麻栎、栓皮栎、白栎、板栗、槲栎、枫香、乌桕、栾树、全缘栾树、无患子、垂柳、大叶柳、水冬瓜、枫杨、悬铃木、重阳木、南酸枣、黄连木、八角枫、三角枫、鸡爪槭、红枫、羽扇槭、青榨槭、苦栎、川楝、榔榆、桑、柘、青桐、合欢、皂荚、枳椇、刺槐、国槐、龙爪槐、杜仲、榉树、朴树、珊瑚礁、油柿、喜树、刺楸、沙梨、东京樱花、杏、木瓜、紫叶、海棠花、梅花、日本晚樱、碧桃、四照花、瓶兰花	铺地柏、翠柏、鹿角柏、千头柏、线柏、粗榧、南天竹、海桐、夹竹桃、栀子花、十大功劳、阔叶大功劳、火棘、枸骨、红花油茶、油茶、山茶花、云南黄馨、含笑、瑞香、八角金盘、黄杨、桃叶珊瑚、洒金珊瑚、水蜡、小蜡、大叶黄杨、小叶女贞、金叶女贞、金丝桃、棣棠、垂丝海棠、贴梗海棠、笑靥花、珍珠花、麻叶绣线菊、菱叶绣线菊、现代月季、欧洲丁香、紫荆、蜡梅、木芙蓉、木槿、糯米条、石榴、毛白杜鹃、云锦杜鹃、牡丹、木本绣球、蝴蝶树、金银木、无花果、结香、花椒、枸橘、醉鱼草、紫薇、溲疏、紫叶小檗、山梅花、海仙花、羽毛枫、紫玉兰	狗牙根、假俭草、结缕草、细叶结缕草、中华结缕草、马尼拉结缕草、匍茎剪股颖、小糠草、紫羊茅、双穗雀稗、山麦冬、宽叶麦冬、沿阶草、石菖蒲、蝴蝶花、马蹄金、花叶蔓常春花、葱兰、韭兰、水仙、石蒜、鹿葱、忽地笑、车前草、红花酢浆草、换锦花、雪滴花、大吴风草、二月兰、马蹄金

城市	区划	乔木	灌木	草坪、地被
广州、福州、厦门	南亚热带常绿阔叶林区	南洋杉、湿地松、杉木、加勒比松、桧柏、龙柏、侧柏、柏木、福建柏、罗汉松、柳杉、竹柏、长叶竹柏、香榧、三尖杉、印度橡胶榕、高山榕、小叶榕、大果榕、垂叶榕、黄葛榕、菩提树、木麻黄、白兰、广玉兰、厚朴、阴香、香樟、肉桂、苦梓、海南红豆、铁刀木、红花羊蹄甲、羊蹄甲、洋紫荆、扁桃、杜果、蒲桃、人心果、柠檬桉、窿缘桉、大叶桉、蓝桉、白千层、蝴蝶果、木波罗、樟叶槭、苦槠、青桐栎、石栗、银桦、杜英、黄槿、铁冬青、女贞、桂花、枇杷、南洋楹、桃花心木、大叶桃花心木、假萍婆、番荔枝、龙眼、人面子、火力楠、白蜡杨树、花榈木、水翁、水石榕、油梨、盆架子、棕榈、假槟榔、蒲葵、鱼尾葵、皇后葵、大王椰子、董棕、老人葵、桄榔、槟榔、长叶刺葵、榄仁、水松、池杉、落羽杉、鹅掌楸、白玉兰、青桐、大花紫薇、木棉、凤凰木、洋金凤、蓝花楹、黄槐、苦楝、麻楝、刺桐、板栗、麻栎、栓皮栎、朴树、梅榆、白栎、喜树、合欢、金合欢、刺槐、枫香、垂柳、二乔玉兰、水冬瓜、乌桕、枳椇、沙梨、无患子、全缘栾树、鸡蛋花、紫叶李、碧桃、梅、木瓜	苏铁、粗榧、米仔兰、四季米仔兰、九里香、红背桂、鹰爪花、山茶花、油茶、大叶茶、夹竹桃、黄花夹竹桃、小花黄蝉、六月雪、软枝黄蝉、小叶驳骨丹、朱蕉、变叶木、红桑、金边桑、金叶榕、光叶决明、马银花、紫金牛、含笑、海桐、十大功劳、南天竹、八角金盘、夜合、扶桑、吊灯花、红千层、福建茶、假连翘、栀子花、虎刺梅、一品红、云南黄馨、桃叶珊瑚、枸骨、洋杜鹃、映山红、凤尾兰、丝兰、华南黄杨、大叶黄杨、密花胡颓子、茶梅、华南珊瑚树、洒金珊瑚、金丝桃、三药槟榔、敔尾葵、琼棕、轴榈、软叶刺葵、短穗鱼尾葵、矮棕竹、筋头竹、木芙蓉、木槿、紫荆、郁李、笑靥花、珍珠花、麻叶绣线菊、菱叶绣线菊、现代月季、糯米条、石榴、紫竹、紫玉兰、胡枝子、金银木、木本绣球、蝴蝶树、接骨木、无花果、花椒、枸橘、醉鱼草、小蜡	沿阶草、大叶仙茅、白蝴蝶、蝴蝶花、红花酢浆草、黑眼花、山麦冬、吉祥草、一叶兰

城市	区划	乔木	灌木	草坪、地被
海口、三亚、澳门、珠海、南宁、北海	热带季雨林及雨林区	蝴蝶果、火焰木、观光木、海南五叶松、罗汉松、竹柏、南洋松、异叶南洋松、侧柏、龙柏、北美圆柏、木莲、红花木莲、腰果、酸豆树、大叶桃花木、血桐、白兰、黄兰、乐昌含笑、香樟、阴香、阳桃、白千层、木荷、青皮、乌墨、木波罗、蒲桃、杧果、扁桃、橄榄、柠檬桉、银桦、杜英、水石榕、假萍婆、萍婆、铁刀木、大花五桠果、马占相思、南洋楹、洋紫荆、海南红豆、木麻黄、高山榕、大叶榕、大果椿、垂叶榕、桂木、铁冬青、桃花心木、龙眼、荔枝、石栗、秋枫、人面子、鹅掌柴、人心果、羊蹄甲、红花羊蹄甲、桂花、黑板树、海南菜豆树、柚木、黄槿、假槟榔、槟榔、鱼尾葵、董棕、椰子、酒瓶椰、三角椰子、王棕、油棕、长叶刺葵、皇后葵、丝葵、红刺露兜树、水杉、池杉、落羽杉、玉兰、二乔玉兰、火花紫薇、鱼木、榄仁、梧桐、爪哇木棉、美丽异木棉、木棉、海红豆、楹树、阔叶合欢、黄槐决明、腊肠树、凤凰木、刺桐、紫檀、枫香、垂柳、朴树、榔榆、菩提树、麻栎、非洲栎、复羽叶栾树、无患子、红枫、岭南酸枣、喜树、蓝花楹、三角枫、紫叶李、碧桃	野牡丹、金丝桃、扶桑、千头柏、苏铁、夜合花、含笑、鹰爪花、南天竹、金栗兰、海桐、油茶、山茶花、红千层、桃金娘、吊灯扶桑、金英、红桑、变叶木、肖黄栌、铁海棠、一品红、红背桂、火棘、石斑木、华南黄杨、棱果蒲桃、密花胡颓子、九里香、米仔兰、八角金盘、鹅掌藤、云南黄馨、茉莉、夹竹桃、黄花夹竹桃、大花栀子、希茉莉、龙船花、红叶金花、六月雪、珊瑚树、福建茶、夜香树、驳骨丹、黄钟花、小蜡（山指甲）、荷包花、假连翘、马缨丹、红花檵木、枸骨、锦绣杜鹃、朱蕉、龙血树、凤尾兰、散尾葵、短穗鱼尾葵、美丽针葵、棕竹、矮棕竹、琼棕、三药槟榔、轴榈、紫薇、石榴、木芙蓉、木槿、木本绣球、现代月季、金凤花、双荚决明	马尼拉结缕草、彩叶草、蚌花、地毯草、狗牙根、假俭草、双穗雀稗、细叶结缕草、中华结缕草、紫鸭跖草、吊竹梅、白蝴蝶、人花美人蕉、蟛蜞菊、蜘蛛兰、文殊兰、万年青、仙茅、土麦冬、阔叶麦冬、忽地笑、石蒜、葱兰、梅叶

城市	区划	乔木	灌木	草坪、地被
乌鲁木齐、酒泉	温带荒漠区	旱柳、榆树、圆冠榆、欧洲大叶榆、春榆、黄檗、桑、樟子松、西伯利亚杉、雪岭云杉、西伯利亚刺柏、胡杨、钻天杨、箭杆杨、新疆杨、黑杨、灰杨、银白杨、青杨、白柳、文冠果、水曲柳、美白蜡、小叶白蜡、夏橡、三刺皂荚、刺槐、国槐、紫椴、心叶椴、茶条槭、复叶槭、五角枫、平基槭、沙枣、山荆子、暴马丁香、西洋梨、新疆梨、新疆野苹果、海棠果、山楂、新疆桃、巴旦杏、毛稠李、天山花楸	紫丁香、珍珠梅、榆叶梅、欧亚绣球菊、山梅花、沙地柏、高山桧、新疆方枝柏、沙冬青、鞑靼忍冬、金银木、细叶小檗、刺檗、西伯利亚小檗、太平花、连翘、沙棘、胡枝子、金雀儿、新疆锦鸡儿、金露梅、毛叶欧李、多花栒子、大果栒子、玫瑰、新疆蔷薇、黄蔷薇、罗布麻、黄刺玫、柽柳、细穗柽柳、密花柽柳、长穗柽柳、多花柽柳、球花水枝柏、秀丽水枝柏	新疆百脉根、细叶百脉根、草地早熟禾、林地早熟禾、加拿大早熟禾、细叶早熟禾、无芒雀麦、紫羊茅、羊茅、韦状羊茅、匍茎剪股颖、白颖苔草、异穗苔草、紫花苜蓿、白三叶、红花三叶草、黄芩、广布野豌豆、草原老鹳草、石竹、瞿麦、番红花、小鸢尾、马蔺

注：参考国家建筑标准设计图集《环境景观——绿化种植设计》及其他资料。

附录2 常用造景树一览表

名称	科别	树形	特征
南洋杉	南洋杉科	圆锥形	常绿针叶树，阳性，喜暖热气候，不耐寒，喜肥，生长快，树冠狭圆锥形，姿态优美
油松	松科	伞形	常绿乔木，强阳性，耐寒，耐干旱瘠薄土壤，不耐盐碱，深根，寿命长，易受松毛虫害，树形优雅，挺拔苍劲
雪松	松科	尖塔形	常绿大乔木，树姿雄伟
罗汉松	罗汉松科	圆锥形	常绿乔木，风姿朴雅，可修剪为高级盆景素材，或整形为圆形，锥形，层状，以供庭院造景美化用
侧柏	柏科	尖塔形	常绿乔木，幼时树形整齐，老时多弯曲，生命力强，寿命长，树姿美
桧柏	柏科	圆锥形	常绿中乔木，树枝密生，深绿色，生命力强，宜修剪，树姿美
龙柏	柏科	塔形	常绿中乔木，树枝密生，深绿色，生命力强，寿命长，树姿美
马尾松	松科	圆锥形	常绿乔木，干皮红褐色，冬芽褐色，大树姿态雄伟，叶2针1束
金钱松	松科	塔形	常绿乔木，叶色黄绿，树姿挺拔
白皮松	松科	宽塔形至伞形	常绿乔木，叶3针1束，喜光，喜凉爽气候，不耐湿热，耐干旱，不耐积水和盐碱，树姿优美，树干斑驳，苍劲奇特
黑松	松科	圆锥形	常绿乔木，树皮灰褐色，小枝橘黄色，叶2针1束，寿命长
五针松	松科	圆锥形	常绿乔木，叶5针1束，耐修剪
水杉	杉科	圆锥形	落叶乔木，植株巨大，枝叶繁茂，小枝下垂，叶条状，色多变，适合集中成片造林或丛植
苏铁	苏铁科	伞形	常绿乔木，性强健，树姿优美，四季常青，易于维护，用于盆栽、花坛栽植，可做主木或添景树
银杏	银杏科	圆锥形	落叶乔木，秋叶黄色，适合用作庭荫树、行道树
垂柳	杨柳科	垂枝形	落叶乔木，适合生长于低湿地，枝条繁茂而生长迅速，树姿美观
龙爪柳	杨柳科	龙枝形	落叶乔木，枝条扭曲如游龙，适合用作庭荫树、观赏树
槐树	豆科	圆形	落叶乔木，枝条繁茂，树冠宽广，适合用作庭荫树、行道树
龙爪槐	豆科	龙枝形	落叶乔木，枝条下垂，适合庭院观赏、对植或列植
黄槐	豆科	圆形	落叶乔木，偶数羽状复叶，花黄色，树姿美丽
榔榆	榆科	扁球形	落叶乔木，喜温暖湿润气候，耐干旱瘠薄，深根性，速生，寿命长，抗烟尘毒气，滞尘能力强
梓树	紫葳科	卵形	落叶乔木，适生于温带地区，抗污染，花黄白色，5—6月开花，适合用作庭荫树、行道树
广玉兰	木兰科	卵圆形	常绿乔木，花大、白色、清香，树形优美
白玉兰	木兰科	卵形	落叶乔木，颇耐寒，怕积水，花大洁白，3—4月开花
枫杨	胡桃科	伞形	落叶乔木，适应性强，耐水湿，速生，适合用作庭荫树、行道树、护岸树

名称	科别	树形	特征
鹅掌楸	木兰科	圆锥形	落叶乔木，喜温暖湿润气候，抗性较强，适生于肥沃的酸性土，生长迅速，寿命长，叶形似马褂儿，花黄绿色，大而美丽
凤凰木	苏木科	伞形	落叶乔木，阳性，喜暖热气候，不耐寒，速生，抗污染，抗风，花红色美丽，花期5—8月
相思树	豆科	伞形	常绿乔木，树皮幼时平滑，老时粗糙，干多弯曲，生命力强
乌桕	大戟科	圆球形	落叶乔木，树性强健，落叶前红叶似枫，是重要的秋季观叶植物
悬铃木	悬铃木科	卵圆形	落叶乔木，喜温暖，抗污染，耐修剪，冠大荫浓，适合用作行道树和庭荫树
樟树	樟科	卵圆形	常绿乔木，叶互生，三出脉，有香气，浆果球形，树皮有纵裂，生长快，寿命长，树姿美观
榕树	桑科	圆形	常绿乔木，干及枝有气生根，叶倒卵形、平滑，生长迅速
珊瑚树	忍冬科	卵形	常绿灌木或小乔木，6月开白花，9—10月结红果，适用于构建绿篱和用于庭院观赏
石榴	石榴科	伞形	落叶灌木或小乔木，耐寒，适应性强，5—6月开花，花红色，果红色，适合庭院观赏
石楠	蔷薇科	卵形	常绿灌木或小乔木，喜温暖，耐干旱瘠薄，嫩叶红色，秋冬果红，适合丛植和庭院观赏
构树	桑科	伞形	常绿乔木，叶巨大柔薄，枝条四散
复叶槭	槭树科	伞形	落叶阔叶树，喜肥沃土壤及凉爽湿润气候，耐烟尘，耐干冷，耐轻盐碱，耐修剪，秋叶黄色
鸡爪槭	槭树科	伞形	叶形秀丽，秋叶红色，适合庭院观赏和盆栽
合欢	豆科	伞形	落叶乔木，花粉红色，花期6—7月，适合用作庭荫树、行道树
红叶李	蔷薇科	圆形	落叶小乔木，小枝光滑，红褐色，叶卵形，全紫红色，3月开淡粉色花，核果紫色，适合孤植、群植，以衬托背景
楝树	楝科	伞形	落叶乔木，树皮灰褐色，二回奇数羽状复叶，花紫色，生长迅速
重阳木	大戟科	伞形	常绿乔木，幼时发芽时，十分美观，生命力强，树姿美
大王椰子	棕榈科	棕椰形	单干直立，高可达18m，中部稍肥大，羽状复叶，生命力强，观赏价值高
华盛顿棕榈	棕榈科	棕椰形	单干圆柱状，基部肥大，高达4～8m，叶扇状圆形，生命力强，树姿美
海枣	棕榈科	棕椰形	高达20～25m，叶灰白色带弓形弯曲，生命力强，树姿美
酒瓶椰子	棕榈科	棕椰形	干高3m左右，基部椭圆肥大，形似酒瓶，姿态美丽
蒲葵	棕榈科	棕椰形	干直立，高达6～12m，叶圆形，叶柄边缘有刺，枝叶繁茂，姿态雅致
棕榈	棕榈科	棕椰形	干直立，高达8～15m，叶圆形，叶柄长，耐低温，生命力强，姿态美
棕竹	棕榈科	棕椰形	干细长，高1～5m，丛生，生命力旺盛，树姿美

参考文献

[1] 祝遵凌．园林植物景观设计[M]．北京：中国林业出版社，2012．

[2] 陈祺，李景侠，王青宁．植物景观工程图解与施工[M]．北京：化学工业出版社，2012．

[3] 廖飞勇，覃事妮，王淑芬．植物景观设计[M]．北京：化学工业出版社，2012．

[4] 卢圣．图解园林植物造景与实例[M]．北京：化学工业出版社，2011．

[5] 臧德奎．图解园林植物造景[M]．北京：中国林业出版社，2010．

[6] 芦建国．种植设计[M]．北京：中国建筑工业出版社，2008．

[7] 黄金凤，李玉舒．园林植物[M]．北京：中国水利水电出版社，2012．

[8] 贾建中．城市绿地规划设计[M]．北京：中国林业出版社，2006．

[9] 陈其兵．风景园林植物造景[M]．重庆：重庆大学出版社，2012．

[10] 刘荣凤．园林植物景观设计与应用[M]．北京：中国电力出版社，2012．

[11] 何平，彭重华．城市绿地植物配置及造景[M]．北京：中国林业出版社，2001．

[12] 刘少宗．景观设计综论：园林植物造景[M]．天津：天津大学出版社，2003．

[13] 张吉祥．园林植物种植设计[M]．北京：中国建筑工业出版社，2001．

[14] 陈行，邹志荣，段战锋．别墅居住区的种植设计[J]．安徽农业科学，2009，37（14）．

[15] 曹洪虎，刘承珊．上海城郊别墅庭园绿化的植物配置初探[J]．上海农业学报，2006，22（1）．

[16] 苏雪痕．植物造景[M]．北京：中国林业出版社，1994．

[17] 黄清俊．居住区植物景观设计[M]．北京：化学工业出版社，2011．

[18] 宋钰红，杜强．别墅区植物景观设计[M]．北京：化学工业出版社，2011．

[19] 金煜．园林植物景观设计[M]．沈阳：辽宁科学技术出版社，2008．

[20] 奥斯汀．植物景观设计元素[M]．北京：中国建筑工业出版社，2005．

[21] 陈少亭．植物景观艺术设计[M]．北京：中国建筑工业出版社，2005．

[22] 朱钧珍．中国园林植物景观艺术[M]．北京：中国建筑工业出版社，2003．

[23] 白艳萍，徐敏，王伟．景观规划设计[M]．北京：中国电力出版社，2010．